Fouad A. S. Soliman
Karima A. Mahmoud

Os benefícios do Plástico e os seus perigos iminentes para a Humanidade

Fouad A. S. Soliman
Karima A. Mahmoud

Os benefícios do Plástico e os seus perigos iminentes para a Humanidade

ScienciaScripts

Imprint

Any brand names and product names mentioned in this book are subject to trademark, brand or patent protection and are trademarks or registered trademarks of their respective holders. The use of brand names, product names, common names, trade names, product descriptions etc. even without a particular marking in this work is in no way to be construed to mean that such names may be regarded as unrestricted in respect of trademark and brand protection legislation and could thus be used by anyone.

Cover image: www.ingimage.com

This book is a translation from the original published under ISBN 978-620-5-63347-2.

Publisher:
Sciencia Scripts
is a trademark of
Dodo Books Indian Ocean Ltd. and OmniScriptum S.R.L publishing group

120 High Road, East Finchley, London, N2 9ED, United Kingdom
Str. Armeneasca 28/1, office 1, Chisinau MD-2012, Republic of Moldova, Europe
Printed at: see last page
ISBN: 978-620-5-72400-2

Os benefícios do Plástico e a sua iminência Perigos para a Humanidade

Por

Fouad A.S. Soliman

**Prof., Electronics and Computer Sciences,
Autoridade dos Materiais Nucleares,
Ministério da Electricidade e das Energias Renováveis**

e

Karima A. Mahmoud

**Investigador de Física
Universidade Kafr El-shekh**

1

Janeiro 2023

Sobre os Autores

Dr. Eng. Fouad A. S. Soliman

**Prof. de Engenharia Electrónica e Informática
Autoridade dos Materiais Nucleares, Cairo, Egipto.**

Membro do Conselho Editorial:

- Progress in Photovoltaics, "Research and Applications", John Wiley and Sons, Reino Unido, desde
- 1993,
- Periódicos da Associação para o Progresso das Técnicas de Modelação e Simulação, AMSE, Lune, França,
- International Journal of Computer Science and Engineering Applications (IJCSEA).

Membro de:

- Associação Americana para o Progresso das Ciências, N.Y.,U.S.A,
- Academia das Ciências de Nova Iorque, Nova Iorque, E.U.A.

Escolhido Para:

- Who's Who in the World, A.N. Marquis, N.J., E.U.A.
- Notáveis Povos do Século 20th, International Biographical Center of Cambridge, Inglaterra.

Ensino nas Universidades

- **Ensinar os estudantes pós-graduados nas Universidades egípcias.**

Publicações e Supervisão de M.Sc. e Ph.D.
Artigos e teses supervisionadas

- **Cerca de 200**

Livros:

[1].   Fouad A. S. Soliman, **"Um novo olhar sobre o mundo da Nanotecnologia para os dias de hoje e**
     Futuro", Livro publicado, Lambert Academic Publishing, Omni- Scriptum GmbH and Co.
     KG, Fevereiro, 2016,
     ISBN 978-3-659-83496-7.

[2].   F. A. S. Soliman, **"Energia e o Futuro das Civilizações",** Livro Publicado,
     Lambert Academic Publishing, Omni-Scriptum GmbH and Co. KG, Abril de 2016.
     ISBN 978-3-659-88129-9.

[3].   F. A. S. Soliman, **"Characterization, Simulation, Applications, Deployment and
     Economics of Solar Energy",** Lambert Academic Publishing, LAP, Saarbrücken,
     Alemanha, Maio de 2016.
     ISBN 978-3-659-89387-2.

[4].   Fouad A. S. Soliman **e Hoda A. Ashry", Role of the Nuclear Technology on
     Human Daily Life",** Livro publicado, Lambert Academic Publishing, Omni-
Scriptum
     GmbH e Co. KG, Maio de 2016.
     ISBN 978-3-659-90461-5.

[5].   Fouad A. S. Soliman, **Safaa M. R. El-ghanam e Ashraf M. Abdel-Makssod,
     "Impact of Outer Space Environment on Electronic Devices and Systems",**
     Livro publicado, Lambert Academic Publishing, Omni-Scriptum GmbH and Co. KG,
     Julho de 2016.
     ISBN: 978-3-659-93044-7

[6].   **H. A. Ashry,** Fouad A. S. Soliman **e S. A. Kamh, "Tecnologia Nuclear": Futuro
     Generation, Protection and Monitoring", Livro publicado, Lambert Academic
     Publishing, Omni-Scriptum GmbH e Co. KG, Agosto de 2016.**
     ISBN: 978-3-659-93921-1

[7].   Fouad. A .S. Soliman, **"Agricultura em Áreas Remotas Baseadas em Energia Solar",**
     Livro publicado, Lambert Academic Publishing, Omni-Scriptum GmbH and Co.
KG,

Setembro, 2016.
ISBN: 978-3-659-95267-8

[8]. Fouad A. S. Soliman, **"Solar-Wind Hybrid Renewable Energy for Sustainable Agricultura"**, Livro publicado, Lambert Academic Publishing, Omni- Scriptum GmbH e Co. KG, Outubro, 2016, Número: 145917
ISBN: 978-3-659-96384-1

[9]. Fouad A. S. Soliman, **Linhas de Transmissão de Alta Tensão: Importância, Manutenção e Riscos"**, Livro publicado, Lambert Academic Publishing, Omni- Scriptum GmbH e Co. KG, Novembro, 2016, Número:147937,
ISBN: 978-3-330-00309-5.

[10]. **Hoda A. Ashry** e Fouad A. S. Soliman, **Nuclear Analytical Techniques e Ciências Modernas,** Livro publicado, Lambert Academic Publishing, Omni- Scriptum GmbH e Co. KG, Dezembro, 2016, No. : 149558,
ISBN: 978-3-330-01772-6.

[11]. Fouad A. S. Soliman, **Energy: History, Definitions, Forms, Transformation e Aplicações,** Livro publicado, Lambert Academic Publishing, Omni- Scriptum GmbH e Co. KG, Janeiro de 2017.
ISBN: 978-3-330-02939-2.

[12]. Fouad A. S. Soliman, **All About Nuclear Materials, Livro publicado,** Lambert Academic Publishing, Omni- Scriptum GmbH and Co. KG, 2017. Projecto-ID (150859)
ISBN:978-3-330-03643-7.

[13]. Fouad A. S. Soliman e **Hoda A. Ashry, Focus on the Treasures of the Earth,** Livro publicado, Lambert Academic Publishing, Omni-Scriptum GmbH and Co. KG, Fevereiro de 2017.
ISBN: 978-3-659-85407-1.

[14]. Fouad A. S. Soliman, **Geothermal Energy Technology,** Livro publicado, Lambert Academic Publishing, Omni-Scriptum GmbH and Co., KG., Maio 2017.
ISBN: 978-3-330-31808-3.

[15]. Fouad A. S. Soliman, **Marine Power Technology and Future of Energy,** Publicado Livro, Lambert Academic Publishing, Omni-Scriptum GmbH and Co. KG, Junho de 2017.
ISBN: 978-3-330-32467-1.

[16]. Fouad A. S. Soliman e **Hoda A. Ashry, Baterias Atómicas: a Energia Fácil para Tomorrow", Livro publicado,** Lambert Academic Publishing, Omni- Scriptum GmbH e Co. KG, Julho de 2017.
ISBN:978-3-330-35308-4.

[17]. Fouad A. S. Soliman, e Hoda A. Ashry, Evolução da Radiação Sincrotrónica e a sua importância", Livro publicado, Lambert Academic Publishing, Omni-Scriptum GmbH e Co. KG, Agosto de 2017.
ISBN: 978-620-2-01385-7

[18]. Fouad A. S. Soliman, "Mechatronics: Engenharia Multidisciplinar", Publicado Livro, Lambert Academic Publishing, Omni- Scriptum, GmbH and Co. KG, Agosto 2017.
ISBN: 978-620-0-43740-2.

[19]. Fouad A. S. Solimna e Hoda A. Ashry, "Gold and Silver Recovery from Lixo Electrónico", Recuperação de Ouro e Prata do Lixo Electrónico",
Publicado
Livro Lambert Academic Publishing, Omni-Scriptum GmbH and Co. KG, Set. 2017.
ISBN: 978-620-2-04988-7.

[20]. Fouad A. S. Soliman, Amira A El-laboudi, e Manal Mahdi, "Colheita Energy and Future Human Needs", Livro publicado, Lambert Academic
Publishing,
Omni-Scriptum GmbH and Co. KG, Novembro de 2017.
ISBN: 978-620-2-07981-5.

[21]. Hoda A. Ashry e Fouad A. S. Soliman, "Mundo dos Neurónios", Livro
Publicado,
Lambert Academic Publishing, Omni- Scriptum GmbH and Co. KG, Janeiro de
2018.
ISBN: 978-613-4-97714-2.

[22]. Fouad A. S. Soliman, "Role of Engineering in Therapy", Livro publicado
Lambert
Academic Publishing, Omni- Scriptum GmbH and Co. KG, Abril de 2018.
ISBN: 978-613-9-58735-3.

[23]. Fouad A. S. Soliman, "New Trends in Exploring Earth Treasures", Livro
publicado
Lambert Academic Publishing, Omni- Scriptum GmbH and Co. KG, Nov. 2019.
ISBN: 978-620-0-4646469-9.

[24]. Fouad A. S. Soliman, "Energia: Recursos, Derivados, Sustentabilidade e
Develo-
pment", Livro publicado Lambert Academic Publishing, Omni-Scriptum GmbH e
Co. KG, Dezembro de 2019.

[25]. Fouad A. S. Soliman e Hamed I. E. Mira, "Nuclear Power: History, Materials, Economia e Futuro", Livro publicado Lambert Academic Publishing, Omni-Scriptum GmbH e Co. KG, Janeiro de 2020.
ISBN: 978-620-0-46407-1.

[26]. Fouad A. S. Soliman, "Renewable Energy and the Future of Human Life",
Livro publicado Lambert Academic Publishing, Omni-Scriptum GmbH and Co.
KG, Fevereiro de 2020.
ISBN: 978-620-0-53632-7.

[27]. Fouad A. S. Soliman, Safaa M. R. El-ghanam, e Ashraf M. Abdel-Maksoud,
"Environmental Impact of the Energy Industry", Livro publicado Lambert
Academic Publishing, Omni-Scriptum GmbH and Co. KG, Fevereiro de 2020.
ISBN: 978-620-0-57165-6.

[28]. Fouad A. S. Soliman, e Amira Abdel-Magid, "Projecções, Desenvolvimentos e
Exploração de Recursos Energéticos Renováveis" Livro publicado, Lambert
Academic Publishing, Omni-Scriptum GmbH and Co. KG, Março de 2020.
ISBN: 978-620-065158-7.

[29]. Fouad A. A. Soliman, e Wafaa Abd El-Basit, "Smart Photovoltaic Techno-
logies and the Future of Energy",Livro publicado, Lambert Academic Publishing,
Omni-Scriptum GmbH and Co. KG, Março de 2020.
ISBN: 978-620-251267-1.

[30]. Fouad A. S. Soliman, e Sanaa A.Kamh", Open Source Hardware Technology,
Livro publicado, Lambert Academic Publishing, Omni- Scriptum GmbH and Co.
KG,
Abril de 2020.
ISBN: 978-620-2-51639-6.

[31]. Fouad A. S. Soliman, "Renewable Energy Technologies for Salt Water Desali-
nação", Livro publicado, Lambert Academic Publishing, Omni-Scriptum GmbH e
Co. KG, Maio de 2020.
ISBN: 978-620-2-52159-8.

[32]. Fouad A. S. Soliman, " Novas Tendências em Energias Renováveis para a
Humanidade
Benefícios", Livro publicado, Lambert Academic Publishing, Omni-Scriptum GmbH
e Co. KG, Maio de 2020.
ISBN: 978-620-2-51887-1.

[33]. Fouad A. S. Soliman, e Ashraf M. Abdel-maksoud, "Energy Storage, Trans-
missão e monitorização", Livro publicado, Lambert Academic Publishing, Omni...
Scriptum GmbH e Co. KG, Maio de 2020.
ISBN: 978-6213-94971-2

[34]. Fouad S. S. Soliman, "Climate Effects on PV-Systems and their Maintenance
and
Reciclagem", Livro publicado, Lambert Academic Publishing, Omni-Scriptum
GmbH
e Co. KG, Junho de 2020.
ISBN: 978-620-2-56451-9.

[35]. Fouad A. S. Soliman e Hamed I. E. Mira, "Drones: The Future of Unmanned Aerial Vehicles", Livro publicado Lambert Academic Publishing, Omni-Scriptum GmbH e Co. KG, Junho de 2020.
ISBN: 978-620-2-66811-8.

[36]. Fouad A. S. Soliman, "Sensoriamento Geofísico e Remoto por Ar Baseado no Drone
Aircrafts", Livro publicado, Lambert Academic Publishing, Omni-Scriptum GmbH
e Co. KG, Julho de 2020.
ISBN: 978-620-2-67331-0.

[37]. Fouad A. S. Soliman, e Safaa M. El-ghanam "O Mundo dos Renováveis Energy Technologies", Livro publicado, Lambert Academic Publishing, Omni... Scriptum GmbH e Co. KG, Agosto de 2020.
ISBN: 978-620-2-68432-3.

[38]. Fouad A. S. Soliman, e Ashraf M. Abedel-maksoud", Technologies of Stand-alone and Distributed Energy Systems", Published Book, Lambert Academic Publishing, Omni-Scriptum GmbH e Co. KG, Setembro de 2020.
ISBN: 978-620-0-50455-6.

[39]. Fouad A. S. Soliman, "A Novel and Efficient Aerial Techniques for UXO Detection", Livro publicado, Lambert Academic Publishing, Omni-Scriptum GmbH
e Co. KG, Setembro de 2020.
ISBN: 978-620-2-79934-8

[40]. Fouad A. S. Soliman, e Ashraf M. Abedel-maksoud, "Technology and Future de Nano-fluidos", Livro publicado, Lambert Academic Publishing, Omni-Scriptum GmbH e Co. KG, Set. 2020.
ISBN: 978-620-2-80132-4.

[41]. Fouad A. S. Soliman, e Safaa M. El-ghanam, "New Trends in the Generation", Conversão, Transmissão e Armazenamento de Energia", Livro publicado, Lambert
Academic Publishing, Omni-Scriptum GmbH and Co. KG, Outubro de 2020.
ISBN: 978-620-2-80878-1.

[42]. Fouad A. S. Soliman, "Remote Monitoring, Net Metering, Fault Detection and Predictive Maintenance of Electrical Power Systems" Livro publicado, Lambert Academic Publishing, Omni-Scriptum GmbH and Co. KG, Outubro de 2020.
ISBN: 978-3-330-06474-4.

[43]. Fouad A. S. Soliman, A. A. Abu Talib e Doaa H. Hanafy, "PV Shockley-Queasier, Maximum Power, Green Houses and Rooftop Stations", Publicado Livro, Lambert Academic Publishing, Omni-Scriptum GmbH and Co. KG, Out. 2020.
ISBN: 978-620-2.92085-8.

[44]. Fouad A. S. Soliman, **Wafaa A. Zekri, Soha Abel-Azeim, "Environmental Impact**
   de Geração, Transporte e Indústria de Electricidade", Livro publicado, Lambert Academic Publishing, Omni-Scriptum GmbH and Co. KG, Novembro de 2020. ISBN: 978-620-3-02581-1.

[45]. Fouad A. S. Soliman, e **Safaa R. El-ghanam, "Future Energy Development",** Livro publicado, Lambert Academic Publishing, Omni-Scriptum GmbH and Co. KG, Novembro de 2020. ISBN: 978-620-3-041132.

[46]. Fouad A. S. Soliman **e Hamed I. E. Mira, "For More Efficient Solar Energy Aplicações",** Livro publicado Lambert Academic Publishing, Omni-Scriptum GmbH e Co. KG, Dezembro de 2020. ISBN: 978-620-801002.

[47]. Fouad A. S. Soliman, e **Sanaa A. Kamh,** "New Trends in Micro-and Hybrid-Energy Grids", Livro publicado, Lambert Academic **Publishing,** Omni-Scriptum GmbH e Co. KG, Dezembro de 2020. ISBN: 978-620-2-92022-3.

[48]. Fouad A. S. Soliman, **"Trends in Renewable Energy Resources** Gridding", Livro publicado Lambert Academic Publishing, Omni-Scriptum GmbH and Co. KG, Janeiro de 2021. ISBN: 978-620-3-30339-1.

[49]. Fouad A. S. Soliman, e **Wafaa Abdel Basit Zekri, "Gridding of Smart Solar Energy Systems",** Livro publicado, Lambert Academic Publishing, Omni-Scriptum, GmbH and Co., K.G. Março 2021. ISBN: 978-620-3-46312-5.

[50]. Fouad A. S. Soliman, e **Safaa R. El-ghanam, "New Trends in Photovoltaic System",** Published Book, Lambert Academic Publishing, Omni-Scriptum GmbH e Co., K.G., Dez. 2020. ISBN: 978-620-3-47075-8.

[51]. Fouad A. S. Soliman, **"Automatic Monitoring of PV-Systems",** Livro publicado Lambert Academic Publishing, Omni-Scriptum GmbH and Co. KG, Set. 2021. ISBN: 978-620-3-58196-6.

[52]. Fouad A. S. Soliman, e **Ashraf M. Abedel-maksoud, "Marine Power : the Futuro das Energias Renováveis,** Livro Publicado, Lambert Academic Publishing, Omni-Scriptum GmbH and Co. KG, Novembro, 2021. ISBN: 978-620-4-71792-0163.

[53]. Fouad A. S. Soliman, **"Carbon Capture and Sequestration",** Livro publicado Lambert Academic Publishing, Omni-Scriptum GmbH and Co. KG, Novembro 2021.

ISBN: 978-620-4-72561-1163.

[54]. **Fouad A. S. Soliman, e Hoda A. Ashry, "Role of Electronics and Computer Sciences on Energy Medicine",** Edição do Livro Lambert Academic Publishing, Omni-Scriptum GmbH and Co. KG, Novembro de 2021.
ISBN: 978-620-4-727387.

[55]. **Fouad A. S. Soliman, e Nehal Abou-el fotoh Ali, "Future Challenges of Electronics Based on Piezoelectric", Edição** Académica do Livro Lambert, Omni-Scriptum GmbH and Co. KG, Dezembro 2021.
ISBN: 978-620-4-70844.

[56]. **Fouad A. S. Soliman, Ayman H. Shanash e Nehal Abou-el fotoh Ali, "Sustainale Energy for Human Safety and Luxury",** Livro publicado Lambert Academic. Publishing, Omni-Scriptum GmbH e Co. KG, Janeiro de 2022.
ISBN: 978-620-4-73029-1163.

[57]. **Fouad A. S. Soliman, e Nehal Abou-el fotoh Ali, "World of Osmotic Pheno menon",** Published Book Lambert Academic Publishing, Omni-Scriptum GmbH e Co. KG, Janeiro de 2021.
ISBN: 978-620-4-73327-2164.

[58]. **Fouad A. S. Soliman, Ayman H. Shanash e Nehal Abou-el fotoh Ali, "A** Deep Insight into the Future of Energy, Livro publicado Lambert Academic Publishing, Omni-Scriptum GmbH and Co. KG, Janeiro de 2022.
ISBN: 978-620-4-73472-9164.

[59]. **Fouad A. S. Soliman, Ayman H. Shanash e Nehal Abou-el fotoh Ali,** "Transitioning from Fossil Fuels to Renewable Energy", Livro publicado Lambert Academic.
Publishing, Omni-Scriptum GmbH e Co. KG, Fevereiro de 2022.
ISBN: 978-620-4-74114-7164.

[60]. **Fouad A. S. Soliman, Ayman H. Shanash e Nehal Abou-el fotoh Ali, "Ocean Thermal Energy Conversion",** Livro publicado Lambert Academic Publishing, Omni-Scriptum GmbH and Co. KG, Fevereiro de 2022.
ISBN: 978-620-4-74278-61.

[61]. **Fouad A. S. Soliman, Ayman H. Shanash e Nehal Abou-el fotoh Ali, "The Rapid Movement towards Clean Green World",** Livro publicado Lambert Academic. Publishing, Omni-Scriptum GmbH and Co. KG, Fevereiro de 2022.
ISBN: 9786-204-745 183.

[62]. **Fouad A. S. Soliman, Ayman H. Shanash e Nehal Abou-el fotoh Ali, "Renewable Energy Systems Engineering",** Livro publicado Lambert Academic Publishing,

Omni-Scriptum GmbH and Co. KG, Fevereiro de 2022.
ISBN: 978-620-4-74716-3.

[63]. Fouad A. S. Soliman, **Ayman H. Shanash e Nehal Abou-el fotoh Ali, "De A - To Z-about Renewable Energy",** Livro publicado Lambert Academic Publishing, Omni-Scriptum GmbH and Co. KG, Março de 2022.
ISBN: 9786-202-053099.

[64]. Fouad A. S. Soliman, **Hamed I. E. Mira e Nehal Abou-el fotoh Ali, "Steps on the Way of Energy Future and Conservation",** Livro publicado Lambert Academic.
Publishing, Omni-Scriptum GmbH e Co. KG, Março de 2022.
ISBN: 9786-139-448388.

[65]. Fouad A. S. Soliman, **Nehal Abou-el fotoh Ali e Karima A. Mahmoud, "Engenharia e Confortável Vida Inteligente",** Livro publicado Lambert
Academic.
Publishing, Omni-Scriptum GmbH e Co. KG, Março de 2022.
ISBN: 978-620-0-24999-91.

[66]. Fouad A. S. Soliman, **Hoda A. Ashry e Nehal Abou-el fotoh Ali, "World of Fuel Cells",** Published Book Lambert Academic Publishing, Omni-Scriptum GmbH and
Co.
KG, Abril de 2022.
ISBN: 978-620-4-74855-91.

[67]. Fouad A. S. Soliman, **Nehal Abou-el fotoh Ali e Wafaa A. Zekri, "Photovoltaic Systems Engineering",** Livro publicado Lambert Academic Publishing, Omni-
Scriptum
GmbH e Co. KG, Abril de 2022.
ISBN: 978-620-4-74893-11.

[68]. Fouad A. S. Soliman, **Amira A. Abo-talib e Doaa H. Hanafy", Role of Electronic Engineering on Automotive and Mechanic Science,** Livro publicado Lambert
Academic
Publishing,Omni-Scriptum, GmbH and Co. KG, Maio de 2022.
ISBN: 978-620-4-75130-61....

[69]. Fouad A. S. Soliman, **Nihal Abou-alfotoh Ali," Nano-fibras: O Futuro de Materiais",** Livro publicado Lambert Academic Publishing, Omni-Scriptum, GmbH
e
Co. KG, Maio de 2022.
ISBN: 978-620-4-95505-616.

[70]. Fouad A. S. Soliman, Sanaa A. Kamh e Doaa H. Hanafy, "The Brilliant Future of
Lithium in Energy Storage", Livro publicado Lambert Academic Publishing, Omni-
Scriptum, GmbH e Co. KG, Maio de 2022.
ISBN: 978-620-4-98014-0165519.

[71]. Fouad A. S. Soliman, e Hamed I. E. Mira, "Stereo Microscope: the Nano-imaging
Tool of Future", Published Book Lambert Academic Publishing, Omni-Scriptum, GmbH
e Co. KG, Maio de 2022.
ISBN: 978-620-5489-406.

[72]. Fouad A. S. Soliman, Amira A. Abo-talib El-laboudi e Karima A. Mahmoud,
"Futuro das Tecnologias Híbridas de Energia", Livro publicado Lambert Academic
Publishing, Omni-Scriptum, GmbH and Co. KG, Maio de 2022.
ISBN: 978-620-5489-406.

[73]. Fouad A. S. Soliman, Wafa Abdel-basit Zekri e Karima A. Mahmoud, "The
Brilhante Futuro da Imagem Digital", Livro publicado Lambert Academic
Publishing, Omni-Scriptum, GmbH and Co. KG, Ago. 2022.
ISBN: 978-6205-4956-12.

[74]. Fouad A. S. Soliman, "Futuro das Ciências Interdisciplinares", Livro publicado Lambert
Academic Publishing, Omni-Scriptum, GmbH and Co. KG, Outubro de 2022.
ISBN: 978-620-5-50245-71.

[75]. Fouad A. S. Soliman, and Karima A. Mahmoud, "Fewer Losses on Renewable
Geração e Aplicações de Energia", Livro publicado Lambert
Academic Publishing, Omni-Scriptum, GmbH and Co. KG, Outubro de 2022.
ISBN: 978-620-4-980669.

[76]. Fouad A. S. Soliman, Amira Abou-talib El-laboudi e Doaa H. Hassan, "Food
Energia", Livro publicado Lambert Academic Publishing, Omni-Scriptum, GmbH e
Co. KG, Outubro de 2022.
ISBN: 978-620-5-50995-116.

[77]. Fouad A. S. Soliman,Wafa Abdel-basit Zekri e Karima A. Mahmoud, "The
Brilhante Mundo do Grafeno", Livro publicado Lambert Academic Publishing, Omni-
Scriptum, GmbH e Co. KG, Outubro de 2022.
ISBN: 978-620-5-51599-016.

[78]. Fouad A. S. Soliman,Amira A. Abo-talib e Doaa H. Hanafy," Wind as a
Mainstream Renewable Power", Published Book Lambert Academic Publishing,
Omni-Scriptum, GmbH and Co. KG, Outubro de 2022.

ISBN: 978-620-5-52588-316.

[79]. Fouad A. S. Soliman,Wafa Abdel-basit Zekri e Karima A. Mahmoud, "The Brilhante Mundo do Grafeno", Livro publicado Lambert Academic Publishing, Omni-
Scriptum, GmbH e Co. KG, Outubro de 2022.
ISBN: 978-620-5-51599-016.

[80]. Fouad A. S. Soliman, Amira A. Abo-talib e Doaa H. Hanafy," Wind as a Mainstream Renewable Power", Published Book Lambert Academic Publishing, Omni-Scriptum, GmbH and Co. KG, Outubro de 2022.
ISBN: 978-620-5-52588-316.

[81]. Fouad A. S. Soliman, e Karima A. Mahmoud,
"Unmanned Aerial VehiclesApplications and Development towards Few Grams Weight", Published Book Lambert Academic Publishing, Omni-Scriptum, GmbH and Co.
KG, Janeiro de 2023.
ISBN: 978-620-5-62995-6 PDF.

Em quarto lugar: Relatórios científicos e técnicos

[1]. Fouad A. S. Soliman," Egypt and Solar Energy", Sci. Internal Report, Nuclear Materials Authority, NMA-ED-SIR-1/96, 1996.

[2]. Fouad S. S. Soliman e Ashraf M. Abdel-maksoud, "A Proposal to Apply Solar Energy in Nuclear Materials Authority", Relatório Interno, Materiais Nucleares Autoridade, 2020, Cairo, Egipto.

[3]. Fouad A. S. Soliman, Ayman H. Shanash, Alaa Ahmed Aref, Nehal Abou-el fotoh Ali and Ashraf M. Abdel-Maksoud" Energy for Human Future", Relatório Técnico.
Apresentado ao Centro Egípcio de Estudos Económicos, Científicos e Ambientais... Investigação e Desenvolvimento mental (em árabe), Janeiro de 2022.

Karima A. Mahmoud
Investigador de Física

[1]. Fouad A.S.Soliman e Karima A. Mahmoud, "Future of Composite Materials" Livro publicado, Lambert Academic Publishing,Omni- Scriptum GmbH and Co. KG,
Julho de 2019.
ISBN 978-620-0-24780-3.

[2]. Fouad A.S.Soliman e Karima A. Mahmoud, "Neurons Modeling and Electrical

Equivalent Circuits", Publishing, Omni-Scriptum GmbH and Co. KG, Agosto de 2019.
ISBN 978-620-0-29375-6.

[3].Fouad A.S.Soliman e Karima A.Mahmoud, **"Future of Electron Beam Applications"**, Publishing, Omni-Scriptum GmbH and Co. KG,Setembro de 2019.
ISBN 978-620-0-43740-2.

[4].Fouad A.S.Soliman e Karima A. Mahmoud, **"Renewable Energy and the Future da Vida Humana"**, Livro publicado Lambert Academic Publishing,Omni-Scriptum GmbH
e Co. KG, Fevereiro de 2020.
ISBN 978-620-0-53632-7.

[5]. Fouad A. S. Soliman,Karima A. Mahmoud e Amira Abdel-Magid, " **Projecções, Developments and Exploitations of Renewable EnergyResources"** Livro publicado,
Lambert Academic Publishing,Omni Scriptum GmbH and Co. KG, Março de 2020.
ISBN 978-620-065158-7.

[6]. Fouad A. A. Soliman, Wafaa Abd El-Basit eKarima A. Mahmoud, **"Smart Photo-tecnologias de voltagem e o futuro da energia"**, Livro publicado, Lambert Academic
Publishing,Omni- Scriptum GmbH and Co. KG, Março de 2020.
ISBN 978-620-251267-1

[7]. Fouad A. S. Soliman,Sanaa A.Kamh e Karima A. Mahmoud", **Open-Source Tecnologia de Hardware,** Livro publicado, Lambert Academic Publishing,Omni-Scriptum GmbH e Co. KG, Abril de 2020.
ISBN 978-620-2-51639-6.

[8]. Fouad A. S. Soliman e Karima A. Mahmoud, " **Novas Tendências em Energias Renováveis**
para Benefícios Humanos", Livro publicado, Lambert Academic Publishing,Omni-
Scriptum GmbH e Co. KG, Maio de 2020.
ISBN 978-620-2-51887-1.

[9]. Fouad A. S. Soliman, Ashraf M. Abdel-maksoud e Karima A. Mahmoud, **"Energy Storage, Transmission and Monitoring"**, Livro publicado, Lambert Academic
Publishing,Omni-Scriptum GmbH and Co. KG, Maio de 2020.
ISBN 978-6213-94971-2.

[10]. Fouad A. S. Soliman,Karima A. Mahmoud e Amira Abdel-Magid, "Projecções,

Developments and Exploitations of Renewable EnergyResources" Livro publicado,
Lambert Academic Publishing,Omni-Scriptum GmbH and Co. KG, Março de 2020.
ISBN 978-620-065158-7.

[11]. **Fouad A. A. Soliman**, Wafaa Abd El-Basit eKarima A. Mahmoud" **Smart Photo-Tecnologias Voltáicas e o Futuro da Energia"**,Livro publicado, Lambert Academic
Publishing,Omni- Scriptum GmbH and Co. KG, Março de 2020.
ISBN 978-620-251267-1

[12]. **Fouad A. S. Soliman, Sanaa A.Kamh e** Karima A. Mahmoud**", Open Source
Tecnologia de Hardware,** Livro publicado, Lambert Academic Publishing,Omni-Scriptum GmbH e Co. KG, Abril de 2020.
ISBN 978-620-2-51639-6

[13]. Fouad A. S. Soliman e Karima A. Mahmoud, **" Novas Tendências em Energias
Renováveis
para Benefícios Humanos",** Livro publicado, Lambert Academic Publishing,Omni-Scriptum GmbH e Co. KG, Maio de 2020.
ISBN 978-620-2-51887-1.

[14]. **Fouad A. S. Soliman, Ashraf M. Abdel-maksoud e** Karima A. Mahmoud,
**"Energia
Armazenamento, Transmissão e Monitorização",** Livro publicado, Lambert
Academic Publi-
shing,Omni-Scriptum GmbH
e Co. KG, Maio de 2020.
ISBN 978-613-4-94971-2.

[15]. **Fouad S. S. Soliman, e** Karima A. Mahmoud, **"Climate Effects on PV-Systems
e a sua manutenção e reciclagem",** Livro publicado, Lambert Academic Publishing,Omni-Scriptum GmbH and Co. KG, Junho de 2020.
ISBN 978-620-2-56451-9.

[16]. **Fouad A. S. Soliman, Safaa M. El-Ghanam e** Karima A. Mahmoud, **"The
World
de Gel Technologies",** Livro publicado, Lambert Academic Publishing,Omni-Scriptum
GmbH e Co. KG, Agosto de 2020.
ISBN 978-620-2-68432-3.

[17]. **Fouad A. S. Soliman, Ashraf M. Abedel-maksoud e** Karima A. **Mahmoud",**

Technologies of Stand-alone and Distributed Energy Systems", Livro publicado,
Lambert Academic Publishing,Omni-Scriptum GmbH and Co. KG, Setembro de 2020.
ISBN 978-620-0-50455-6.

[18]. **Fouad A. S. Soliman,Ashraf M. Abedel-maksoud e** Karima A. **Mahmoud",
Tecnologia e Futuro dos Nanofluidos"**, Livro publicado, Lambert Academic
Publishing, Omni-Scriptum GmbH e Co. KG, Setembro de 2020.
ISBN 978-620-2-80132-4.

[19]. **Fouad A. S. Soliman,Sanaa A.** Kamh e Karima A. Mahmoud, "New Trends in
Micro e Híbrido - Redes de Energia", Livro publicado, Lambert Academic
Publishing,
Omni-Scriptum GmbH and Co. KG,Dezembro de 2020.
ISBN 978-620-2-92022-3.

[20]. **Fouad A. S. Soliman,Safaa R. El-Ghanam e** Karima A. Mahmoud, **"New
Trends**
in Photovoltaic System", Livro publicado, **Lambert Academic Publishing,
Omni-**
Scriptum GmbH and Co., K.G. Dez. 2020.
ISBN 978-620-3-47075-8.

[21]. **Fouad A. S. Soliman, Hamed I. E. Mira e** Karima A. Mahmoud, **"Scrap Tyres
entre Reciclagem e Tecnologias de Bioenergia"**, Livro publicado Lambert
Academic
Publishing,Omni-Scriptum GmbH and Co. KG, Março de 2021.
ISBN 978-620-57464-7.

[21]. **Fouad A. S. Soliman e** Karima A. Mahmoud, **"Automatic Monitoring of PV-
Systems'**, Livro publicado Lambert Academic. Publicação,Omni-Scriptum GmbH e
Co. KG, Setembro de 2021.
ISBN 978-620-3-58196-6.

[22]. **Fouad A. S. Soliman, Hamed I. E. Mira e** Karima A. Mahmoud, **"Hidrogénio:
O**
Futuro do Combustível Não-Carbono", Livro publicado Lambert Academic
Publishing,Omni-
Scriptum GmbH e Co. KG, Outubro de 2021.
ISBN 978-620-40 20741-4.

[23]. **Fouad A. S. Soliman, e** Karima A. Mahmoud,
**"Unmanned Aerial VehiclesApplications and Development towards Few Grams
Weight"**, Published Book Lambert Academic Publishing, Omni-Scriptum, GmbH
and Co.

KG, Janeiro de 2023.
ISBN: 978-620-5-62995-6 PDF.

Agradecimentos

Estamos a ajoelhar-nos obsequiosamente a ALLAH agradecendo-LHE por me ter mostrado o caminho certo. Sem a ajuda de Deus, os nossos esforços ter-se-iam desviado. Foi através da graça de Deus que pudemos adquirir esta grande realização. Obrigado também por uma pessoa a quem estamos muito apaixonados, o Profeta Maomé {O louvor e a paz de Deus}.

Além disso, queremos expressar a nossa mais profunda gratidão:

- **Autoridade dos Materiais Nucleares, Cairo, Egipto.**
Membro do pessoal dos diferentes sectores.

- **Women College for Arts, Science, and Education, Universidade de Ain-shams, Cairo, Egipto.**
Funcionários do Departamento de Física, e do Laboratório de Investigação Electrónica.

- **Centro Nacional de Investigação e Tecnologia da Radiação, Cairo, Egipto.**
Membros do pessoal do Departamento de Física das Radiações.

- **Funcionários do Centro Egípcio de Estudos Económicos, Investigação Científica e Ambiental e Desenvolvimento.**

Abstrato

Os plásticos são uma vasta gama de materiais sintéticos ou semi-sintéticos que utilizam polímeros como ingrediente principal. A sua plasticidade torna possível que os plásticos sejam moldados, extrudidos ou prensados em objectos sólidos de várias formas. Esta adaptabilidade, mais uma vasta gama de outras propriedades, tais como ser leve, durável, flexível, e barato de produzir, levou à sua utilização generalizada. Os plásticos são tipicamente fabricados através de sistemas industriais humanos. A maioria dos plásticos modernos são derivados de produtos químicos à base de combustíveis fósseis como gás natural ou petróleo; contudo, métodos industriais recentes utilizam variantes feitas de materiais renováveis, tais como derivados de milho ou algodão.

Estima-se que 9,2 mil milhões de toneladas de plástico tenham sido feitas entre 1950 e 2017. Mais de metade deste plástico tem sido produzido desde 2004. Em 2020, foram produzidos 400 milhões de toneladas de plástico. Se as tendências globais da procura de plástico continuarem, estima-se que em 2050 a produção global anual de plástico atingirá mais de 1.100 milhões de toneladas.

O sucesso e domínio dos plásticos a partir do início do século XX causou problemas ambientais muito espalhados, devido à sua lenta taxa de decomposição nos ecossistemas naturais. No final do século XX, a indústria do plástico promoveu a reciclagem a fim de aliviar as preocupações ambientais, continuando simultaneamente a produzir plástico virgem e a empurrar a responsabilidade da poluição do plástico para o consumidor. As principais empresas produtoras de plásticos duvidaram da viabilidade económica da reciclagem na altura, e a viabilidade económica nunca melhorou. A recolha e reciclagem do plástico é largamente ineficaz devido à incapacidade de resolver as complexidades contemporâneas da limpeza e triagem de plásticos pós-consumo para uma reutilização eficaz. A maior parte do plástico produzido não foi reutilizado, quer sendo capturado em aterros ou persistindo no ambiente como poluição plástica. A poluição plástica pode ser encontrada em todas as principais massas de água do mundo, por exemplo, criando manchas de lixo em todos os oceanos do mundo e contaminando os ecossistemas terrestres. De todo o plástico descartado até agora, cerca de 14% foi incinerado e menos de 10% foi reciclado.

Palavras-chave

Plástico, amplo, gama, sintético ou semi-sintético, materiais, utilização, polímeros, principal, ingred-ient, plasticidade, torna possível, moldado, extrudido, prensado, em, sólido, objectos, de, vários, formas, adaptabilidade, mais, ampla gama, outros, propriedades, tais como, ser, leve, peso, durável, flexível, barato, produzir, liderar, espalhado, espalhado, utilização. Tipicamente, são, feitos, através de, humanos, industriais, sistemas, a maioria, modernos, plásticos, são, derivados, de, fósseis, combustíveis, químicos, como, gás natural, petróleo, porém, recentes, industriais, métodos, uso, variantes, feitos, de, renováveis, materiais, tais como, cornor, algodão, derivados, biliões, tons, estimados, foram, feitos, entre outros, metade, isto, plástico, tem sido, produzido, desde, milhões, tons, global, tendências, procura, continuar, estimado, anual global, alcançar, mais, sucesso, dominância, início, início, início, 20th, século, tem, causado, largamente difundido, problemas ambientais, devido, ao, seu, lento, decomposição, ritmo, natural, ecossistemas, perto, fim, século 20, plástico, indústria, promovido, reciclagem, ordem para, aliviar, preocupações ambientais, continuar, produzir, virgem, empurrar, responsabilidade, poluição plástica, para, consumidor, principal, empresas, produzir, plásticos, duvidado, económico, viabilidade, reciclagem, viabilidade, nunca, melhorado, recolha, reciclagem, em grande parte, ineficaz, porque, falhas, resolver, contemporâneo, complexidades, limpeza, triagem, pós-consumo, eficaz, reutilização, reutilização, quer, ser, capturado, in, terra, f-illor, persistente, ambiente, poluição plástica, por exemplo, creação, lixo, patchesin, oceanos do mundo, contaminantes, terrestres, ecossistemas, incinerados, desenvolvidos, economias, cerca de, terceiro, plástico, embalagem. aproximadamente, mesmo, edifícios, aplicações, tubagens, canalização, vinil, revestimento, outros, usos, incluem, auto-móveis, mobiliário, desenvolvimento, mundo, aplicações, diferem, Índia, consumo, embalagem, campo médico, implantes, outros, médicos, dispositivos, derivados, pelo menos, parcialmente, de, no mundo inteiro, produzido, anualmente, por, pessoa, com, produção-cção, duplicação, a cada, dez, anos, o primeiro, totalmente, sintético, plástico, baquelite, inventado, Nova Iorque, Leo Baekeland, cunhado, termo, plástico, dezenas, diferentes, tipos, hoje, como, por exemplo, o polietileno, amplamente, produto, embalagem, cloreto de polivinilo (PVC), construção, tubos, porque, resistência, durabilidade, muitos, químicos, contribuíram, a ciência dos materiais, incluindo, o laureado com o Nobel Hermann Staudinger, foi, chamado, o pai da química dos polímeros, Herman Mark, conhecido como, ,o pai da física dos polímeros, derivados de plástico, grego πλαστικό, plastikos, ou seja, capaz de ser moldado ou moldado, moldado, não é a palavra, na maioria das vezes, refere-se, sólido, produtos, derivados de petroquímica, fabrico, película plástica, fina, contínua, polimérico, material, material plástico mais espesso, muitas vezes, chamado, folha, membranas, separadas, áreas, volumes, porão, artigos, barreiras, superfícies imprimíveis, ampla, variedade, aplicações, estas, incluem, embalagem, sacos de plástico, etiquetas, construção de edifícios, terraplenagem, fabricação eléctrica, filme fotográfico, filme de stock, filmes, fitas de vídeo, quase todos, peformados, em, filme fino, alguns, primário, polietileno, filme plástico comum, variedades, polietileno, polietileno de baixa densidade, polietileno de média densidade, polietileno de alta densidade, polietileno linear de baixa densidade, polipropileno, polipropileno, película moldada, película biaxialmente orientada (BOPP), película uniaxialmente orientada, poliéster, BoPET biaxialmente, orien-ted, película de poliéster, nylon, BOPA/BON, biaxialmente, poliamida orientada Nylonm, vulgarmente, conhecido, nylon, película de policloreto de vinilo, sem, plastificante, acetato de celulose, bioplástico precoce, celofane, feito de celulose regenerada, variedade, bioplástico, biodegradável, plástico, película semi-encarnada, película semi-encarnada, liner, borracha calandrada, retenção, propriedades. borracha. Evitar, poeira, outros, estranhos, matérias, de, colagem, borracha, calandragem, durante, armazenamento, díodo emissor de luz orgânico (OLED, LED orgânico), díodo orgânico electro-luminescente (EL orgânico), díodo emissor de luz (LED), emissivo electroluminescente, camada, película, composto orgânico, que emite luz, resposta, corrente eléctrica, esta camada orgânica, situada, entre dois, tipicamente, pelo menos, um, estes eléctrodos, transparente. OLEDs, criam, ecrãs digitais, dispositivos, tais como, telas de televisão, monitores de computador, sistemas portáteis, smartphones, portáteis, consolas de jogos, área principal, investigação, desenvolvimento, dispositivos OLED brancos, iluminação de estado sólido, aplicações, duas famílias principais, pequenas moléculas, aquelas, empregando polímeros, adicionando móveis, cria, célula electroquímica emissora de luz (LEC), modo ligeiramente diferente, funcionamento, visor OLED, accionado, com, matriz passiva (PMOLED), matriz activa (AMOLED), controlo, esquema, esquema PMOLED, cada um, visualização, controlado sequencialmente, enquanto que o controlo AMOLED, plano posterior de transistor de película fina (TFT), directamente, acesso, interruptor, cada um, píxel individual, desligado, permitindo, mais alto, resolução, tamanhos de visualização maiores, fundamentalmente, diferente, baseado, estrutura de díodos p-n, doping,criar, p- e n- regiões, mudança, condutividade, semicondutor hospedeiro, empregar, estrutura p-n. doping de OLED, aumento, radiativo, eficiência, directo, modificação, quantum-mecânico, taxa de recombinação óptica, doping, adicionalmente, determinar, comprimento de onda, emissão de fotões, funcionamento do visor OLED, luz traseira, emite, própria, luz visível, níveis de preto profundo, mais fino, mais leve, visor de cristal líquido (LCD), baixo, ambiente, luz, condições, espaço), ecrã, alcançar, maior contraste, ratiotano, sem consideração, se, lâmpadas fluorescentes de cátodo frio, visores, visores de matriz passiva, óxido de índio-estanho (ITO), segmento, visores de fosegmento, formação, visor, revestido, injecção de furos, transporte, camadas de blocos, material electroluminescente, após o primeiro, camadas, metal, aplicado, cátodo mais tarde, inteiro e materiais, encapsulado.

Tabela de Conteúdos

Capítulo (1)

Plásticos

1.1. Introdução

Os plásticos são uma vasta gama de materiais sintéticos ou semi-sintéticos que utilizam polímeros como ingrediente principal. A sua plasticidade torna possível que os plásticos sejam moldados, extrudidos ou prensados em objectos sólidos de várias formas. Esta adaptabilidade, mais uma vasta gama de outras propriedades, tais como ser leve, durável, flexível, e barato de produzir, levou à sua utilização generalizada. Os plásticos são tipicamente fabricados através de sistemas industriais humanos. A maioria dos plásticos modernos são derivados de produtos químicos à base de combustíveis fósseis como gás natural ou petróleo; contudo, métodos industriais recentes utilizam variantes feitas de materiais renováveis, tais como derivados de milho ou algodão [1].

Artigos domésticos feitos de vários tipos de plástico

Estima-se que 9,2 mil milhões de toneladas de plástico tenham sido feitas entre 1950 e 2017. Mais de metade deste plástico tem sido produzido desde 2004. Em 2020, foram produzidos 400 milhões de toneladas de plástico [2]. Se as tendências globais da procura de plástico continuarem, estima-se que em 2050 a produção global anual de plástico atingirá mais de 1.100 milhões de toneladas.

O sucesso e o domínio dos plásticos a partir do início do século XX causaram problemas ambientais generalizados [3], devido à sua lenta taxa de decomposição nos ecossistemas naturais. No final do século XX, a indústria dos plásticos promoveu a reciclagem, a fim de atenuar as preocupações ambientais, continuando a produzir plástico virgem e a empurrar a responsabilidade da poluição por plástico para o consumidor. As principais empresas produtoras de plásticos duvidaram da viabilidade económica da reciclagem na altura, e a viabilidade económica nunca melhorou. A recolha e reciclagem do plástico é largamente ineficaz devido à incapacidade de resolver as complexidades contemporâneas da limpeza e triagem de plásticos pós-consumo para uma reutilização eficaz. A maior parte do plástico produzido não foi reutilizado, quer sendo capturado em aterros ou persistindo no ambiente como poluição plástica. A poluição plástica pode ser encontrada em todas as principais massas de água do mundo, por exemplo, criando manchas de lixo em todos os oceanos do mundo e contaminando os ecossistemas terrestres. De todo o plástico descartado até agora, cerca de 14% foi incinerado e menos de 10% foi reciclado [2].

Nas economias desenvolvidas, cerca de um terço do plástico é utilizado em embalagens e aproximadamente o mesmo em edifícios em aplicações tais como tubagens, canalizações ou revestimento de vinil [4]. Outras utilizações incluem auto-móveis (até 20% de plástico [4]), furnitur+e, e brinquedos [4]. No mundo em desenvolvimento, as aplicações de plástico podem ser diferentes; 42% do consumo da Índia é utilizado em embalagens. No campo médico, os implantes de polímeros e outros dispositivos médicos são derivados, pelo menos parcialmente, do plástico. A nível mundial, são produzidos anualmente cerca de 50 kg de plástico por pessoa, com a produção a duplicar de dez em dez anos.

O primeiro plástico totalmente sintético do mundo foi o Bakelite, inventado em Nova Iorque em 1907, por Leo Baekeland [5] que cunhou o termo "plástico" [6]. Dezenas de diferentes tipos de plástico são hoje produzidos - como o polietileno, que é amplamente utilizado em embalagens de produtos, e o cloreto de polivinilo (PVC), utilizado na construção e tubagens devido à sua resistência e durabilidade. Muitos químicos contribuíram para a ciência dos materiais plásticos, incluindo o prémio NobelHermann Staudinger, que tem sido chamado "o pai da química dos polímeros" e Herman Mark, conhecido como "o pai da física dos polímeros" [7].

1.2. Etimologia

A palavra plástico deriva do grego πλαστικός (plastikos) que significa "capaz de ser moldado ou moldado", e por sua vez de πλαστός (plastos) que significa "moldado" [8]. Como substantivo, a palavra mais comummente refere-se aos produtos sólidos de fabrico derivados da petroquímica [9].

O substantivo plasticidade refere-se especificamente aqui à deformabilidade dos materiais utilizados no fabrico de plásticos. A plasticidade permite a moldagem, extrusão ou compressão numa variedade de formas: filmes, fibras, placas, tubos, garrafas e caixas, entre muitas outras. A plasticidade também tem uma definição técnica na ciência dos materiais fora do âmbito deste artigo referindo-se à alteração não reversível na forma de substâncias sólidas.

1.3. Estrutura

A maioria dos plásticos contém polímeros orgânicos [10]. A grande maioria destes polímeros é formada por cadeias de átomos de carbono, com ou sem a fixação de oxigénio, azoto ou átomos de enxofre. Estas cadeias compreendem muitas unidades repetidas, formadas a partir de monómeros. Cada cadeia de polímeros con-sistente de vários milhares de unidades de repetição. A espinha dorsal é a parte da cadeia que se encontra no caminho principal, ligando um grande número de unidades de repetição. Para personalizar as propriedades de um plástico, diferentes grupos moleculares chamados de cadeia lateral são suspensos desta espinha dorsal; são normalmente pendurados nos monómeros antes dos próprios monómeros serem ligados entre si para formar a cadeia de polímeros. A estrutura destas cadeias laterais influencia as propriedades do polímero.

1.4. Propriedades e Classificações

Os plásticos são geralmente classificados pela estrutura química da espinha dorsal do polímero e das cadeias laterais. Os grupos importantes classificados desta forma incluem os acrílicos, poliésteres, silicones, poliuretanos, e plásticos halogenados. Os plásticos podem ser classificados pelo processo químico utilizado na sua síntese, tais como condensação, poli-adição, e reticulação [11]. Podem também ser classificados pelas suas propriedades físicas, incluindo a dureza, densidade, resistência à tracção, resis-tância térmica e temperatura de transição vítrea. Os plásticos podem ainda ser classificados pela sua resistência e reacções a várias substâncias e processos, tais como exposição a solventes orgânicos, oxidação, e radiação ionizante [12]. Outras classificações de plásticos são baseadas em qualidades que relevam para o fabrico ou concepção de produtos para um determinado fim. Exemplos incluem termo-plásticos, termofixos, polímeros condutores, plásticos biodegradáveis, plásticos de engenharia e elas-tomers.

1.4.1. Termoplásticos e Polímeros Termoconsolidantes

Este cabo de plástico de um utensílio de cozinha foi deformado pelo calor e parcialmente derretido. Uma classificação importante dos plásticos é o grau em que os processos químicos utilizados para os tornar reversíveis ou não.

Os termoplásticos não sofrem alterações químicas na sua composição quando aquecidos e, portanto, podem ser moldados repetidamente. Exemplos incluem polietileno (PE), polipropileno (PP), poliestireno (PS), e policloreto de vinilo (PVC) [13].

Os termoendurecíveis, ou polímeros termoendurecíveis, podem derreter e tomar forma apenas uma vez: depois de solidificados, permanecem sólidos [14]. Se reaquecerem, os termoendurecíveis decompõem-se em vez de derreterem. No processo de termoendurecimento, ocorre uma reacção química irreversível. A vulcanização da borracha é um exemplo deste processo. Antes do aquecimento na presença de enxofre, a borracha natural (poli-isopreno) é um material pegajoso, ligeiramente escorregadio; após a vulcanização, o produto é seco e rígido.

1.4.2. Plásticos Amorfos e Plásticos Cristalinos

Muitos plásticos são completamente amorfos (sem uma estrutura molecular altamente ordenada) [15], incluindo termosets, poliestireno, e metacrilato de metilo (PMMA). Os plásticos cristalinos apresentam um padrão de átomos espaçados mais regularmente, tais como polietileno de alta densidade (HDPE), tereftalato de polibutileno (PBT), e cetona de éter de poliéter (PEEK). No entanto, alguns plásticos são parcialmente amorfos e parcialmente cristalinos na estrutura molecular, dando-lhes tanto um ponto de fusão como uma ou mais transições de vidro (a temperatura acima da qual a extensão da flexibilidade molecular localizada é substancialmente aumentada). Estes plásticos chamados semi-cristalinos incluem polietileno, polipropileno, cloreto de polivinilo, poliamidas (nylons), poliésteres e alguns poliuretanos.

1.4.3. Polímeros Condutores

Os Polímeros Intrinsecamente Condutores (ICP) são polímeros orgânicos que conduzem electricidade. Embora tenha sido alcançada uma condutividade de até 80 kS/cm em poli-acetileno orientado para estiramento [16], não se aproxima da da maioria dos metais. Por exemplo, o cobre tem uma condutividade de várias centenas de kS/cm [17].

1.5. Plásticos Biodegradáveis e Bio-plásticos
1.5.1. Plásticos Biodegradáveis

Os plásticos biodegradáveis são plásticos que se degradam (decompõem) ao serem expostos à luz solar ou radiação ultra-violeta; água ou humidade; bactérias; enzimas; ou abrasão pelo vento. Os ataques de insectos, tais como minhocas de cera e minhocas de refeição, também podem ser considerados como formas de biodegradação. A degradação aeróbica exige que o plástico seja exposto à superfície, enquanto que a degradação anaeróbica seria eficaz em sistemas de aterros ou compostagem. Algumas empresas produzem aditivos biodegradáveis para aumentar a biodegradação. Embora o pó de amido possa ser adicionado como enchimento para permitir que alguns plásticos se degradem mais facilmente, tal tratamento não leva a uma degradação completa. Alguns investigadores têm bactérias geneticamente modificadas para sintetizar plásticos completamente biodegradáveis, tais como o poli-hidroxi butirato (PHB); contudo, estes são relativamente caros a partir de 2021 [18].

1.5.2. Bio-plásticos

Enquanto a maioria dos plásticos é produzida a partir de petroquímicos, os bioplásticos são feitos substancialmente de materiais vegetais renováveis como a celulose e o amido [19]. Devido tanto aos limites finitos das reservas de combustíveis fósseis como ao aumento dos níveis de gases com efeito de estufa causados principalmente pela queima desses combustíveis, o desenvolvimento de bioplásticos é um campo em crescimento [20, 21]. A capacidade de produção global de bioplásticos está estimada em 327.000 toneladas por ano. Em contraste, a produção global de polietileno (PE) e polipropileno (PP), as principais poliolefinas de origem petroquímica do mundo, foi estimada em mais de 150 milhões de toneladas em 2015 [22].

1.6. Indústria Plástica

A indústria do plástico inclui a produção global, composição, conversão e venda de produtos plásticos. Embora o Médio Oriente e a Rússia produzam a maior parte dos materiais petroquímicos necessários; a produção de plástico está concentrada no Oriente e Ocidente globais. A indústria do plástico compreende um grande número de empresas e pode ser dividida em vários sectores:

1.6.1. Produção

Estima-se que 9,2 mil milhões de toneladas de plástico tenham sido fabricadas entre 1950 e 2017, tendo mais de metade deste valor sido produzido desde 2004. Desde o nascimento da indústria do plástico nos anos 50, a produção global aumentou enormemente, atingindo 400 milhões de toneladas por ano em 2021, contra 381 milhões de toneladas métricas em 2015 (excluindo aditivos) [23]. A partir da década de 1950, verificou-se um rápido crescimento na utilização de plásticos para embalagem, na construção civil e noutros sectores.Se as tendências globais da procura de plásticos continuarem, estima-se que em 2050 a produção global anual de plásticos excederá 1,1 mil milhões de toneladas por ano.

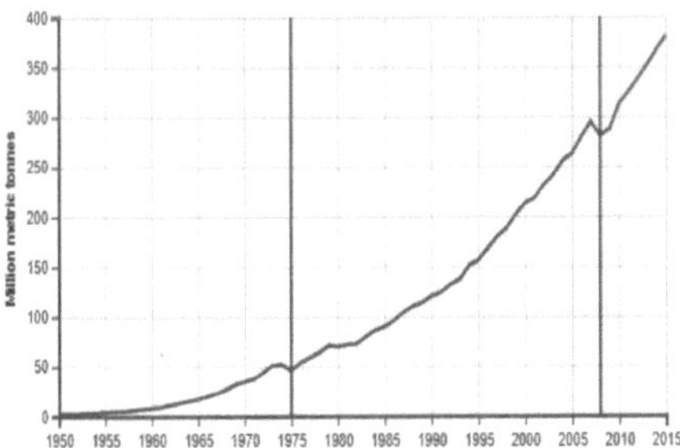

1.6.2. Plantas de polipropileno

Produção anual global de plástico 1950-2015 [23]. As linhas verticais denotam a recessão de 1973-1975 e a crise financeira de 2007-2008, que provocaram breves reduções na pro-dução do plástico.

Uma instalação Slovnaft em Bratislava, Eslováquia

Uma fábrica de Polipropileno Polímero SOCAR em Sumgayit, Azerbaijão

Os plásticos são produzidos em plantas químicas através da polimerização dos seus materiais de base (monómeros); que são quase sempre de natureza petroquímica. Tais instalações são normalmente grandes e visualmente semelhantes às refinarias de petróleo, com tubagens espalhadas por todo o lado. A grande dimensão destas plantas permite-lhes explorar economias de escala. Apesar disto, a produção de plástico não é particularmente monopolizada, com cerca de 100 empresas a representarem 90% da produção global [24]. Isto inclui uma mistura de empresas privadas e estatais. Cerca de metade de toda a produção tem lugar na Ásia Oriental, sendo a China o maior produtor individual. Os principais produtores internacionais incluem:

- Dow Chemical
- LyondellBasell
- Exxonmobil
- SABIC
- BASF
- Sibur
- Shin-Etsu Química
- Indorama Ventures
- Sinopec

- Braskem

Historicamente, a Europa e a América do Norte têm dominado a produção global de plásticos. Desde 2010, a Ásia tem emergido como um produtor significativo, com a China a representar 31% da produção total de resina plástica em 2020 [25]. As diferenças regionais no volume da produção de plásticos são impulsionadas pela procura dos utilizadores, pelo preço das matérias-primas fósseis, e pelos investimentos feitos na indústria petroquímica. Por exemplo, desde 2010, mais de 200 mil milhões de dólares foram investidos nos Estados Unidos em novas fábricas de plástico e de produtos químicos, estimulados pelo baixo custo das matérias-primas. Também na União Europeia (UE), foram feitos pesados investimentos na indústria do plástico, que emprega mais de 1,6 milhões de pessoas com um volume de negócios de mais de 360 mil milhões de euros por ano. Na China, em 2016, havia mais de 15.000 empresas fabricantes de plástico, gerando mais de 366 mil milhões de dólares em receitas.

Em 2017 o mercado global de plásticos foi dominado por termoplásticos - polímeros que podem ser derretidos e reformulados. Os termoplásticos incluem polietileno (PE), tereftalato de polietileno (PET), polipropileno (PP), cloreto de polivinilo (PVC), poliestireno (PS) e fibras sintéticas, que em conjunto representam 86% de todos os plásticos [2].

1.6.3. Compostagem

O plástico não é vendido como uma substância pura não adulterada, mas sim misturado com vários químicos e outros materiais, que são colectivamente conhecidos como aditivos. Estes são adicionados durante a fase e incluem substâncias como estabilizadores, plastificantes e corantes, que se destinam a melhorar a duração de vida, a capacidade de trabalho ou o aspecto do artigo final. Em alguns casos, isto pode envolver a mistura de diferentes tipos de plástico para formar uma mistura de polímeros, tais como o poliestireno de alto impacto. As grandes empresas podem fazer a sua própria composição antes da produção, mas alguns produtores fazem-na por terceiros. As empresas especializadas neste trabalho são conhecidas como Compositores.

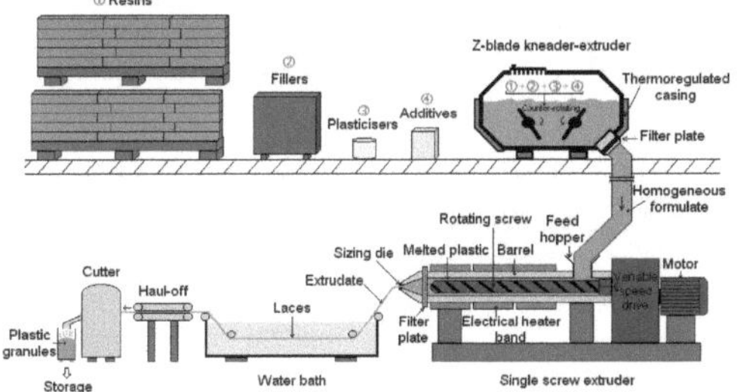

Esquema de composição plástica para um material termo-macio eningmentativo

A composição do plástico termoendurecedor é relativamente directa; uma vez que permanece líquido até ser curado na sua forma final. Para materiais termo-moletizantes, que são utilizados para fazer a maioria dos produtos, é necessário derreter o plástico para misturar os aditivos. Isto implica aquecê-lo a qualquer temperatura entre 150-320 °C (300-610 °F). O plástico fundido é viscoso e apresenta um fluxo laminar, levando a uma má mistura. A mistura é portanto feita utilizando equipamento de extrusão, capaz de fornecer o calor e a mistura necessários para dar um produto devidamente disperso.

As concentrações da maioria dos aditivos são normalmente bastante baixas, por muito elevados que sejam os níveis adicionados para criar produtos Master-batch. Os aditivos nestes são concentrados mas ainda devidamente dispersos na resina hospedeira. Os grânulos de master-batch podem ser misturados com polímeros a granel mais baratos e libertarão os seus aditivos durante o processamento para dar um produto ahomogeneousfinal. Isto pode ser mais barato do que trabalhar com um material totalmente composto e é particularmente comum para a introdução de cor.

1.6.4. Conversão

Moldagem por sopro de uma garrafa de bebida plástica

As empresas que produzem bens acabados são conhecidas como conversores (por vezes processadores). A grande maioria dos plásticos produzidos em todo o mundo são termo-molecimento e têm de ser aquecidos até serem derretidos para serem moldados. Existem vários tipos de equipamento de extrusão que podem então formar o plástico em quase qualquer forma.

- Filme de sopro - Filmes plásticos (sacos de plástico, folhas)
- Moldagem por sopro- Objectos ocos de parede fina em grandes quantidades (garrafas de bebidas, brinquedos)

- Moldagem rotacional - objectos ocos de parede espessa (tanques de IBC)
- Moldagem por injecção - Objectos sólidos (caixas telefónicas, teclados)
- Spinning- Produz fibras (nylon, spandex, etc.)

Para os materiais termoendurecíveis o processo é ligeiramente diferente, uma vez que os plásticos são líquidos para começar e têm de se tornar sólidos, mas a maior parte do equipamento é largamente semelhante.

Os produtos de consumo de plástico mais frequentemente produzidos incluem embalagens feitas de PEBD (por exemplo, sacos, recipientes, película de embalagem de alimentos), recipientes feitos de PEAD (por exemplo, garrafas de leite, garrafas de champô, cubas de gelado), ePET (por exemplo, garrafas de água e outras bebidas). Em conjunto, estes produtos representam cerca de 36% da utilização de plásticos no mundo. A maioria deles (por exemplo, copos descartáveis, pratos, talheres, recipientes para levar, sacos de transporte) são utilizados apenas durante um curto período de tempo, muitos por menos de um dia. A utilização de plásticos na construção civil, têxteis, equipamento de transporte e eléctrico também representa uma parte substancial do mercado dos plásticos. Os artigos plásticos utilizados para tais fins têm geralmente uma duração de vida mais longa. Podem ser utilizados por períodos que vão desde cerca de cinco anos (por exemplo, têxteis e equipamento eléctrico) a mais de 20 anos (por exemplo, materiais de construção, maquinaria industrial) [2].

O consumo de plástico difere entre países e comunidades, tendo alguma forma de plástico entrado na vida da maioria das pessoas. A América do Norte (isto é, o Acordo de Comércio Livre Norte-Americano ou região NAFTA) representa 21% do consumo global de plástico, seguida de perto pela China (20%) e Europa Ocidental (18%). Na América do Norte e Europa há um elevado consumo per capita de plástico (94 kg e 85 kg/capita/ano, respectivamente). Na China há um menor consumo per capita (58 kg/capita/ano), mas um consumo elevado a nível nacional devido à sua grande população [2].

1.7. Tipos de Plásticos
1.7.1. Plásticos de base

Cerca de 70% da produção global está concentrada em seis grandes tipos de polímeros, os chamados plásticos de base. Ao contrário da maioria dos outros plásticos, estes podem muitas vezes ser identificados pelo seu código de identificação de resina (RIC):

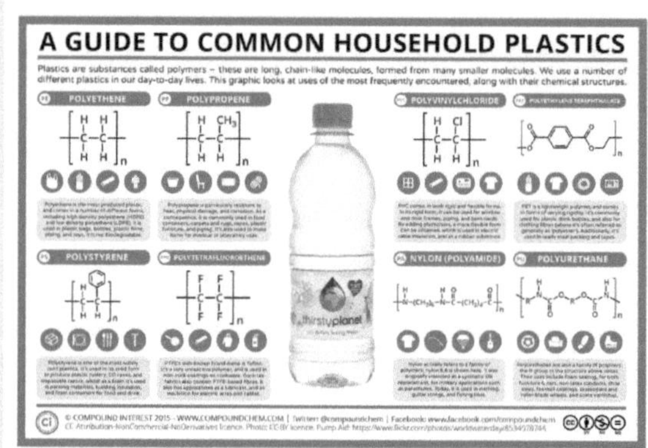

Estruturas químicas e utilizações de alguns plásticos comuns

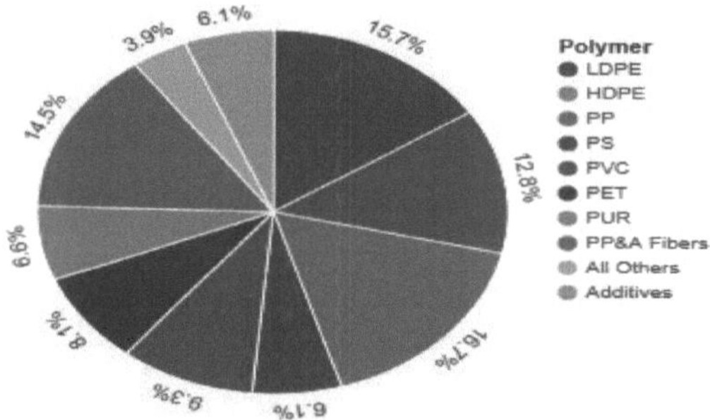

- Politereftalato de etileno (PET ou PETE)
- Polietileno de alta densidade (HDPE ou PE-HD)
- Cloreto de polivinilo (PVC ou V)
- +Polietileno de baixa densidade (PE-LDPE ou PE-LD),
- Polipropileno (PP)
- Poliestireno (PS)

Os poliuretanos (PUR) e as fibras PP&A [26] são frequentemente incluídos também como grandes classes de mercadorias, embora geralmente careçam de RIC, uma vez que são grupos quimicamente bastante diversificados. Estes materiais são baratos, versáteis e fáceis de trabalhar, tornando-os a escolha preferida para a produção em massa de objectos do dia-a-dia. A sua maior aplicação individual é na embalagem, com cerca de 146 milhões de toneladas sendo utilizadas desta forma em 2015, o equivalente a 36% da produção global. Devido ao seu domínio; muitas das propriedades e problemas normalmente associados aos plásticos, tais como a poluição decorrente da sua fraca biodegradabilidade, são em última análise atribuíveis aos plásticos de base.

Existe um grande número de plásticos para além dos plásticos de base, tendo muitos deles propriedades excepcionais.

1.7.2. Plásticos de Engenharia

Os plásticos de engenharia são mais robustos e são utilizados para fazer produtos tais como peças de veículos, materiais de construção e de construção, e algumas peças de máquinas. Em alguns casos, são misturas de polímeros formadas pela mistura de diferentes plásticos (ABS, HIPS, etc.). Os plásticos de engenharia podem substituir metais em veículos, reduzindo o seu peso, com uma redução de 10% melhorando a eficiência do combustível em 6-8%. Cerca de 50% do volume dos automóveis modernos é feito de plástico, mas este representa apenas 12-17% do peso do veículo [28].

- Acrilonitrilo butadieno estireno (ABS): caixas de equipamento electrónico (por exemplo, monitores de computador, impressoras, teclados) e tubos de drenagem
- Poliestireno de alto impacto (HIPS): revestimentos de frigoríficos, embalagens de alimentos e copos de venda automática
- Policarbonato (PC): discos compactos, óculos, escudos anti-motim, janelas de segurança, semáforos, e lentes
- Policarbonato + acrilonitrilo butadieno estireno (PC + ABS): uma mistura de PC e ABS que cria um plástico mais forte utilizado em peças interiores e exteriores de automóveis, e em carroçarias de telemóveis
- Polietileno + acrilonitrilo butadieno-estireno (PE + ABS): uma mistura escorregadia de PE e ABS utilizada em rolamentos secos de baixa resistência.
- Polimetil metacrilato (PMMA) (acrílico): lentes de contacto (da variedade original "dura"), vidro (mais conhecido nesta forma pelos seus vários nomes comerciais em todo o mundo; por exemplo Perspex, Plexiglas, e Oroglas), difusores de luz fluorescente, e coberturas de luz traseira para veículos. Forma também a base de tintas acrílicas artísticas e comerciais, quando suspensas em água com o uso de outros agentes.
- Silicones (polys-iloxanes): resinas resistentes ao calor utilizadas principalmente como vedantes mas também utilizadas para utensílios de cozinha a alta temperatura e como resina de base para tintas industriais
- Ureia-formaldeído (UF): um dos aminoplásticos utilizados como alternativa multicolorida aos fenólicos: utilizado como adesivo de madeira (para contraplacado, aglomerado de partículas, painéis duros) e caixas de interruptores eléctricos

1.7.3. Plásticos de alto desempenho

Os plásticos de alto desempenho são normalmente caros, com a sua utilização limitada a aplicações especializadas que fazem uso das suas propriedades superiores.

- Aramidas: mais conhecida pela sua utilização na fabricação de armaduras corporais, esta classe de fibras sintéticas resistentes ao calor e fortes são também utilizadas em aplicações aeroespaciais e militares, incluindo Kevlar e Nomex, e Twaron.
- Polietilenos de ultra-alto peso molecular
- Poli-éter-cetona (PEEK): termoplástico forte, químico e resistente ao calor; a sua biocompatibilidade permite a sua utilização em aplicações de implantes médicos e moldagens aeroespaciais. É um dos polímeros comerciais mais caros.
- Poli-eterimida (PEI) (Ultem): um polímero de alta temperatura, quimicamente estável, que não cristaliza
- Poliimida: um plástico de alta temperatura utilizado em materiais como a Kaptontape
- Polissulfona: resina de alta temperatura processável por fusão utilizada em membranas, meios de filtração, tubos de imersão de aquecedores de água e outras aplicações a alta temperatura.
- Poli-tetra-fluoro-etileno (PTFE), ou Teflon: revestimentos resistentes ao calor e de baixa fricção utilizados em superfícies anti-aderentes para frigideiras, fitas de canalizador e escorregas de água
- Poliamida-imida (PAI): Plástico de engenharia de alto desempenho amplamente utilizado em
engrenagens de desempenho, interruptores, transmissão e outros componentes automóveis, e peças aeroespaciais [29].

1.8. Aplicações

A maior aplicação para plásticos é como materiais de embalagem, mas são utilizados numa vasta gama de outros sectores, incluindo: construção (tubos, caleiras, portas e janelas), têxteis (tecidos extensíveis, velo), bens de consumo (brinquedos, louça, escovas de dentes), transporte (faróis, pára-choques, painéis de carroçaria, espelhos laterais), electrónica (telefones, computadores, televisores) e como peças de máquinas [23].

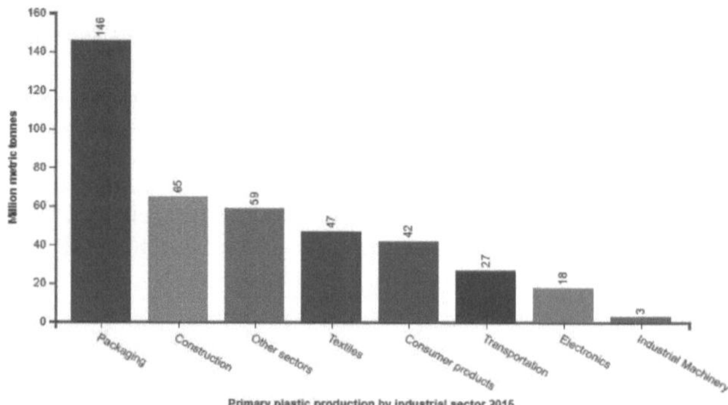

1.9. Aditivos

Os aditivos são produtos químicos misturados em plásticos para alterar o seu
desempenho ou aparência, tornando possível alterar as propriedades dos plásticos para
melhor se adequarem às suas aplicações pretendidas [31, 32].Os aditivos são, portanto, uma
das razões pelas quais o plástico é tão amplamente utilizado [33]. Os plásticos são
compostos por cadeias de polímeros. Muitos produtos químicos diferentes são utilizados
como aditivos plásticos. Um produto plástico escolhido aleatoriamente contém geralmente
cerca de 20 aditivos. As identidades e concentrações de aditivos não são geralmente listadas
nos produtos [2].

Na UE, mais de 400 aditivos são utilizados em grandes volumes [34] 5500 aditivos
foram encontrados numa análise do mercado global [35]. No mínimo todos os plásticos
contêm algum estabilizador de polímero, o que lhes permite serem fundidos (moldados)
sem sofrerem degradação do polímero. Outros aditivos são opcionais e podem ser
adicionados conforme necessário, com cargas que variam significativamente entre
aplicações. A quantidade de aditivos contidos nos plásticos varia em função da função dos
aditivos. Por exemplo, os aditivos em policloreto de vinilo (PVC) podem constituir até 80%
do volume total [2]. O plástico puro não adulterado (resina descalça) nunca é vendido,
mesmo pelos produtores primários.

1.9.1. Lixiviação

Os aditivos podem estar fracamente ligados aos polímeros ou reagir na matriz do
polímero. Embora os aditivos sejam misturados em plástico, permanecem quimicamente
distintos dele, e podem gradualmente lixiviar de novo durante a sua utilização normal,
quando em aterros, ou após eliminação inadequada no ambiente [36]. Os aditivos também
podem degradar-se para formar outras moléculas tóxicas. A fragmentação plástica em
microplásticos e nano-plásticos pode permitir que os aditivos químicos se desloquem no
ambiente longe do ponto de utilização. Uma vez libertados, alguns aditivos e derivados
podem persistir no ambiente e bio-acumular em organismos. Podem ter efeitos adversos na
saúde humana e na biota. Uma recente análise da Agência de Protecção Ambiental dos
Estados Unidos (EPA) revelou que das 3.377 substâncias químicas potencialmente
associadas a embalagens de plástico e 906 provavelmente associadas a estas, 68 foram
classificadas pela ECHA como "mais elevadas para riscos para a saúde humana" e 68 como
"mais elevadas para riscos ambientais" [2].

1.9.2. Reciclagem

Como os aditivos alteram as propriedades dos plásticos, têm de ser considerados durante
a reciclagem. Actualmente, quase toda a reciclagem é realizada através da simples
refundição e reforma do plástico usado em novos artigos. Os aditivos apresentam riscos nos
produtos reciclados, uma vez que são difíceis de remover. Quando os produtos plásticos são
reciclados, é altamente provável que os aditivos sejam integrados nos novos produtos. Os
resíduos de plástico, mesmo que sejam todos do mesmo tipo de polímero, conterão vários

tipos e quantidades de aditivos. A sua mistura pode dar um material com propriedades inconsistentes, o que pode ser pouco atractivo para a indústria. Por exemplo, a mistura de plásticos de diferentes cores com diferentes corantes plásticos pode produzir um material descolorido ou castanho e, por esta razão, o plástico é normalmente classificado por tipo de polímero e cor antes de ser reciclado [2].

A ausência de transparência e de relatórios ao longo da cadeia de valor resulta frequentemente na falta de conhecimento sobre o perfil químico dos produtos finais. Por exemplo, produtos com retardadores de chama bromados foram incorporados em novos produtos plásticos. Os retardadores de chama são um grupo de químicos utilizados em equipamento electrónico e eléctrico, têxteis, mobiliário e materiais de construção que não devem estar presentes em embalagens alimentares ou produtos de puericultura.

Um estudo recente encontrou dioxinas bromadas como contaminantes não intencionais em brinquedos feitos de resíduos electrónicos de plástico reciclado que continham retardadores de chama bromados. Verificou-se que as dioxinas bromadas exibiam uma toxicidade semelhante à das dioxinas cloradas. Podem ter efeitos de desenvolvimento negativos e efeitos negativos no sistema nervoso e interferir com mecanismos do sistema endócrino [2].

1.9.3. Efeitos sobre a saúde

Muitas das controvérsias associadas aos plásticos estão efectivamente relacionadas com os seus aditivos, uma vez que alguns compostos podem ser persistentes, bio-acumuláveis e potencialmente nocivos [37, 38]. Os agora proibidos retardadores de chama OctaBDE e PentaBD Eare são um exemplo disso, enquanto os efeitos dos ftalatos sobre a saúde são uma área de constante preocupação pública. Os aditivos também podem ser problemáticos se os resíduos forem queimados, especialmente quando a queima não é controlada ou ocorre em incineradores de baixa tecnologia, como é comum em muitos países em desenvolvimento. A combustão incompleta pode causar emissões de substâncias perigosas, tais como gases ácidos e cinzas que podem conter poluentes orgânicos persistentes (POP), tais como dioxinas [2].

Vários aditivos identificados como perigosos para os seres humanos e/ou o ambiente são reguilados internacionalmente. A Convenção de Estocolmo sobre Poluentes Orgânicos Persistentes (POP) é um tratado global para proteger a saúde humana e o ambiente de produtos químicos que permanecem intactos no ambiente durante longos períodos, se distribuem amplamente geograficamente, se acumulam no tecido adiposo dos seres humanos e da vida selvagem, e têm impactos nocivos na saúde humana ou no ambiente [2]. Outros aditivos comprovadamente nocivos, tais como cádmio, crómio, chumbo e mercúrio (regulamentados ao abrigo da Convenção de Minamata sobre o Mercúrio), anteriormente utilizados na produção de plástico, são proibidos em muitas jurisdições. No entanto, ainda são rotineiramente encontrados em algumas embalagens de plástico, incluindo embalagens alimentares. A utilização do aditivo bifenol A(BPA) em biberões de plástico é proibida em muitas partes do mundo, mas não é restringida em alguns países de baixo rendimento [2].

1.9.4. Tipos de Aditivo

Tipo de aditivo	Concentração típica quando presente (%)[31]	Descrição	Exemplos de compostos	Comentário	Percentagem da produção global de aditivos (por peso)[23]
Plastificantes	10–70	Os plásticos podem ser quebradiços, a adição de alguns plastificantes torna-os mais duráveis, a adição de lotes torna-os flexíveis	Os ftalatos são a classe dominante, as alternativas mais seguras incluem os adipateasters (DEHA, DOA) e os citratáceos (ATBC e TEC)	80-90 % da produção mundial é utilizada em PVC, grande parte do resto é utilizada em acetato de celulose. Para a maioria dos produtos são utilizadas cargas entre 10 e 35%, as cargas elevadas são utilizadas para plastisóis	34%
Retardadores de chamas	1-30	Sendo petroquímicos, a maior parte dos plásticos queimam de novo, os retardadores de chama podem prevenir isto	Retardadores de chama bromados,parafinas cloradas	Os fosfatos orgânicos não-clorados são ecologicamente mais seguros, embora muitas vezes menos eficientes	13%
Estabilizadores de calor	0.3-5	Previne a degradação relacionada com o calor	Tradicionalmente derivados de chumbo, cádmio e estanho. As alternativas modernas mais seguras incluem misturas de bário/zinco e estearato de cálcio, juntamente com vários agentes sinérgicos	Quase exclusivamente utilizado em PVC.	5%
Enchedores	0-50	Mudanças de apelo e propriedades mecânicas, podem reduzir o preço	Carbonato de cálcio "giz", talco, contas de vidro, negro-de-fumo. Também reforçam fillers como fibra de carbono	A maioria dos opaqueplásticos contém cargas. Níveis elevados podem também proteger contra os raios UV.	28%
Modificadores de impacto	10-40	Maior resistência e resis-tância aos danos[39]	Tipicamente, alguns outros elasto-mericpolímeros, por exemplo borrachas, copolímeros de estireno	O polietileno clorado é utilizado para PVC	5%
Antioxidantes	0.05–3	Protege contra a degradação durante o processamento	Fenóis, ésteres fosfitos, cer-tain thioethers	O tipo de aditivos mais utilizado, todos os plásticos irão conter algum tipo de estabilizadores de polímeros	6%
Colorantes	0.001-10	Impartes de cor	Numerosos corantes ou pigmentos		2%
Lubrificantes	0.1-3	Auxilia na moldagem do plástico, inclui auxiliares de processo (ou auxiliares de fluxo), agentes desmoldantes, agentes anti-deslizantes	Cera de parafina, ésteres de cera, estearatos de metal (isto é, estearato de zinco), amidas de ácido gordo de cadeia longa (oleamida, erucamida)		2%
Estabilizadores de luz	0.05–3	Protege contra danos UV	HALS, bloqueadores e supressores de UV	Normalmente utilizado apenas para artigos com itensão para uso exterior	1%
Outros		Vários	Antimicrobianos, antiestáticos, agentes de sopro, agentes de nucleação		4%

1.10. Toxicidade

Os plásticos puros têm baixa toxicidade devido à sua insolubilidade na água, e porque têm um grande peso molecular, são bioquimicamente inertes. No entanto, os produtos plásticos contêm uma variedade de aditivos, alguns dos quais podem ser tóxicos [40]. Por exemplo, plastificantes como adipatos e ftalatos são frequentemente adicionados a plásticos frágeis como o PVC para os tornar suficientemente maleáveis para utilização em embalagens de alimentos, brinquedos e muitos outros artigos. Vestígios destes compostos podem lixiviar para fora do produto. Devido a preocupações sobre os efeitos de tais lixiviados, a UE restringiu a utilização de DEHP (ftalato de di-2-etilhexilo) e outros ftalatos em algumas aplicações, e os EUA limitaram a utilização de DEHP, DPB, BBP, DINP, DIDP, e DnOPin brinquedos e artigos de puericultura através da Lei de Melhoria da Segurança dos Produtos de Consumo. Alguns compostos lixiviados de recipientes de poliestireno para alimentos foram propostos para interferir com as funções hormonais e são suspeitos de carcinogénicos humanos (substâncias causadoras de cancro [41]. Outras substâncias químicas potencialmente preocupantes incluem os alquilfenóis [38].

Embora um plástico acabado possa ser não tóxico, os monómeros utilizados no fabrico dos seus polímeros de base podem ser tóxicos. Em alguns casos, pequenas quantidades desses químicos podem permanecer presas no produto, a menos que seja empregue um processamento adequado. Por exemplo, a Agência Internacional de Investigação do Cancro (IARC) da Organização Mundial de Saúde reconheceu o cloreto de vinilo, o precursor do PVC, como um carcinogéneo humano [41].

Alguns produtos plásticos degradam-se aos químicos com actividade estrogénica [42]. O principal componente dos policarbonatos, o bisfenol A(BPA), é um desregulador endócrino semelhante ao estrogénio que pode infiltrar-se nos alimentos [41]. Pesquisas em Perspectivas de Saúde Ambiental descobrem que o BPA lixiviado do revestimento de latas, selantes dentários e garrafas de policarbonato pode aumentar o peso corporal dos descendentes de animais de laboratório [43]. Um estudo animal mais recente sugere que mesmo uma exposição de baixo nível à BPA resulta em resistência à insulina, o que pode levar à inflamação e a doenças cardíacas [44]. A partir de Janeiro de 2010, o Los Angeles Times relatou que a US Food and Drug Admini-stration (FDA) está a gastar 30 milhões de dólares para investigar indicações da ligação da BPA ao cancro [45]. O adipato de bis (2-etil-hexilo), presente em película plástica à base de PVC, também é motivo de preocupação, tal como os compostos orgânicos voláteis presentes no cheiro do carro novo. A UE tem uma proibição permanente do uso de ftalatos em brinquedos. Em 2009, o governo dos EUA proibiu certos tipos de ftalatos comummente utilizados em plástico [46].

1.11. Efeitos Ambientais

**Uma campanha de comunicação info-gráfica mostrando que haverá
ser mais plástico nos oceanos do que peixe até 2050**

Como a estrutura química da maioria dos plásticos os torna duráveis, são resistentes a muitos processos naturais de degradação. Muito deste material pode persistir durante séculos ou mais, dada a persistência demonstrada de materiais naturais estruturalmente semelhantes, tais como o âmbar.

Há estimativas diferentes sobre a quantidade de resíduos plásticos produzidos no século passado. Por uma estimativa, mil milhões de toneladas de resíduos plásticos foram descartados desde os anos 50 [47]. Outras estimam uma produção humana acumulada de 8,3 mil milhões de toneladas de plástico, das quais 6,3 mil milhões são resíduos, sendo apenas 9% reciclados [48].

Estima-se que estes resíduos são compostos por 81% de resina polimérica, 13% de fibras poliméricas e 32% de aditivos. Em 2018 foram produzidos mais de 343 milhões de toneladas de resíduos plásticos, 90% dos quais eram compostos por resíduos plásticos pós-consumo (resíduos plásticos industriais, agrícolas, comerciais e municipais). O resto eram resíduos pré-consumidores da produção de resina e da transformação de produtos plásticos (por exemplo, materiais rejeitados devido à cor, dureza ou características de processamento inadequadas) [2].

A Ocean Conservancy relatou que a China, Indonésia, Filipinas, Tailândia, e Vietname despejam mais plástico no mar do que todos os outros países juntos [49]. Os rios Yangtze, Indus, Yellow, Hai, Nile, Ganges, Pearl, Amur, Niger, e Mekong "transportam 88% a 95% da carga global [de plástico] para o mar" [50, 51].

A presença de plásticos, particularmente microplásticos, dentro da cadeia alimentar está a aumentar. Nos anos 60, foram observados microplásticos nas entranhas das aves marinhas, e desde então têm sido encontrados em concentrações crescentes [52]. Os efeitos a longo prazo do plástico na cadeia alimentar são mal compreendidos. Em 2009 estimou-se que 10% dos resíduos modernos eram plásticos [53], embora as estimativas variem de acordo com a região [52]. Entretanto, 50% a 80% dos detritos em áreas marinhas são de plástico [52]. O plástico é frequentemente utilizado na agricultura. Há mais plástico no solo do que nos oceanos. A presença de plástico no ambiente prejudica os ecossistemas e a saúde humana [54].

A investigação sobre os impactos ambientais tem-se centrado tipicamente na fase de eliminação. No entanto, a produção de plásticos é também responsável por impactos ambientais, sanitários e socioeconómicos substanciais [55].

Antes do Protocolo de Montreal, os CFC tinham sido comummente utilizados no fabrico do poliestireno plástico, cuja produção tinha contribuído para o empobrecimento da camada de ozono.

Os esforços para reduzir os efeitos ambientais dos plásticos podem incluir a redução da produção e utilização de plásticos, políticas de resíduos e reciclagem, e o desenvolvimento e implantação pró-activa de alternativas aos plásticos, tais como para embalagens sustentáveis.

1.12. Micro-plásticos

Os fragmentos de microplásticos são fragmentos de qualquer tipo de plástico com menos de 5 mm (0,20 in) de comprimento, de acordo com a Administração Nacional Oceânica e Atmosférica dos EUA (NOAA) [56, 57] e a Agência Europeia dos Produtos Químicos [58]. Causam poluição ao entrar em sistemas naturais de várias fontes, incluindo cosméticos, vestuário, embalagens de alimentos, e processos industriais.

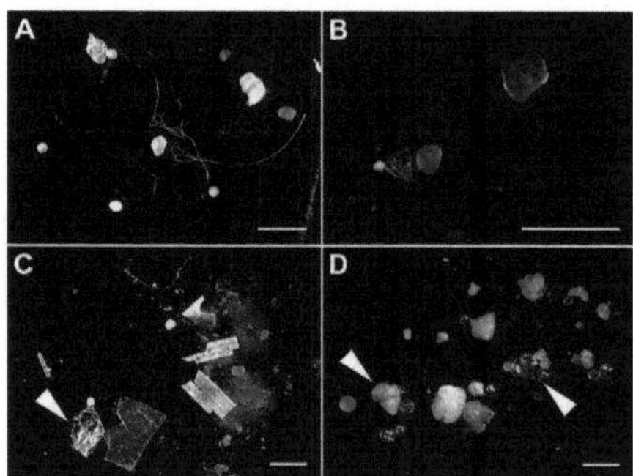

Micro-plásticos em sedimentos de quatro rios na Alemanha. Note-se as diversas formas indicado por pontas de setas brancas. (As barras brancas representam 1 mm para a escala).

O termo macroplástico é utilizado para diferenciar os microplásticos dos resíduos plásticos maiores, tais como as garrafas de plástico. Duas classificações de microplásticos são actualmente reconhecidas. Os microplásticos primários incluem quaisquer fragmentos ou partículas de plástico que já tenham 5,0 mm de tamanho ou menos antes de entrarem no ambiente. Estes incluem micro-fibras de vestuário, micro-miçangas, e granulados de plástico (também conhecidos como berços) [59-61]. Os microplásticos secundários resultam da degradação (decomposição) de produtos plásticos maiores através de processos naturais de decomposição após a sua entrada no ambiente. Tais fontes de microplásticos secundários incluem garrafas de água e refrigerantes, redes de pesca, sacos de plástico, recipientes de microondas, sacos de chá e desgaste de pneus [61-64]. Ambos os tipos são reconhecidos por persistirem no ambiente a níveis elevados, particularmente nos ecossistemas aquáticos e marinhos, onde causam poluição da água [65]. 35% de todos os microplásticos oceânicos provêm de têxteis/vestuário, principalmente devido à erosão do poliéster, acrílico ou vestuário à base de nylon, frequentemente durante o processo de lavagem [66]. Contudo, os microplásticos também se acumulam no ar e nos ecossistemas terrestres.

Como os plásticos se degradam lentamente (frequentemente ao longo de centenas a milhares de anos) [67, 68], os microplásticos têm uma elevada probabilidade de ingestão, incorporação e acumulação nos corpos e tecidos de muitos organismos. Os químicos tóxicos que vêm tanto do oceano como do escoamento podem também bio-magnificar a cadeia alimentar [69, 70]. Nos ecossistemas terrestres, foi demonstrado que os microplásticos reduzem a viabilidade dos ecossistemas do solo e reduzem o peso das minhocas [71, 72]. O ciclo e o movimento dos microplásticos no ambiente não são totalmente conhecidos, mas está actualmente em curso uma investigação para investigar o fenómeno. Levantamentos de sedimentos oceânicos em camadas profundas na China (2020) mostram a presença de plásticos em camadas de deposição muito mais antigas do que a invenção dos plásticos, levando à suspeita de subestimação de microplásticos em levantamentos de amostras de superfície dos oceanos [73]. Foram também encontrados microplásticos nas altas montanhas, a grandes distâncias da sua fonte [74].

Foram também encontrados microplásticos no sangue humano, embora os seus efeitos sejam largamente desconhecidos [75. 76].

1.13. Decomposição dos Plásticos

Os plásticos degradam-se através de uma variedade de processos, o mais significativo dos quais é geralmente a foto-oxidação. A sua estrutura química determina o seu destino. A degradação marinha dos polímeros é muito mais longa em resultado do ambiente salino e do efeito de arrefecimento do mar, contribuindo para a persistência de detritos plásticos em certos ambientes [52]. Estudos recentes mostraram, contudo, que os plásticos no oceano decompõem-se mais rapidamente do que se pensava anteriormente, devido à exposição ao sol, chuva e outras condições ambientais, resultando na libertação de produtos químicos tóxicos como o bifenol A. Contudo, devido ao aumento do volume de plásticos no oceano, a decomposição abrandou [77]. A Marine Conservancy previu as taxas de decomposição de vários produtos plásticos: Estima-se que um copo de espuma de plástico levará 50 anos, um porta-bebidas de plástico levará 400 anos, uma fralda adisponível levará 450 anos, e uma linha de pesca levará 600 anos para se degradar [78].

As espécies microbianas capazes de degradar os plásticos são conhecidas da ciência, algumas das quais são potencialmente úteis para a eliminação de certas classes de resíduos plásticos.

- Em 1975, uma equipa de cientistas japoneses que estudava lagos contendo águas residuais de uma fábrica de nylon descobriu uma estirpe de Flavobacterium que digere certos subprodutos do fabrico do nylon 6, tais como o dímero linear do 6-aminohexanoato [79]. O nylon 4 (poli-butyro-lactam) pode ser degradado pelos fios ND-10 e ND-11 de Pseudomonas sp.encontrado no lodo, resultando em GABA (γ-amino-ácido butírico) como subproduto [80].
- Várias espécies de fungos do solo podem consumir poliuretano [81], incluindo duas espécies do fungo equatoriano Pestalotiopsis. Podem consumir poliuretano tanto aero-bicamente como anaerobiamente (como no fundo dos aterros sanitários) [82].
- Os consórcios microbianos metanogénicos degradam o estireno, utilizando-o como fonte de carbono [83]. Pseudomonas putida pode converter o estireno em vários plásticos biodegradáveis|poli-hidroxalcanoatos-biodegradáveis [84, 85].
- As comunidades microbianas isoladas a partir de amostras de solo misturadas com amido demonstraram ser capazes de degradar o polipropileno [86].
- O fungo Aspergillus fumigatus degrada eficazmente o PVC plastificado [87]:45-46Phanero-chaete chrysosporium foi cultivado em PVC num ágar sal mineral [87] chrysosporium, Lentinus tigrinus, A. niger, e A. sydowiican também degradam eficazmente o PVC [87]:
- O fenol-formaldeído, vulgarmente conhecido como Bakelite, é degradado pelo fungo da podridão branca P. Chrysosporium [88].
- Verificou-se que o Acinetobacter degrada parcialmente os oligómeros de polietileno de baixo peso molecular [80]. Quando usado em combinação, Pseudomonas fluorescentes e Sphingomonas podem degradar mais de 40% do peso dos sacos de plástico em menos de três meses [89]. A bactéria termófila Brevibacillus borstelensis(estirpe 707) foi isolada de uma amostra de solo e considerada capaz de utilizar polietileno de baixa densidade como única fonte de carbono quando incubada a 50 °C. A pré-exposição do plástico à radiação ultravioleta rompeu as ligações químicas e ajudou à biodegradação; quanto maior for o período de exposição à radiação UV, maior será a promoção da degradação [90].
- Foram encontrados moldes perigosos a bordo de estações espaciais que degradam a borracha para uma forma digerível [91].
- Várias espécies de leveduras, bactérias, algas e líquenes foram encontradas a crescer em artefactos de polímeros sintéticos em museus e em sítios arqueológicos [92].
- Nas águas poluídas com plástico do Mar dos Sargaços, foram encontradas bactérias que consomem vários tipos de plástico; no entanto, desconhece-se até que ponto estas bactérias limpam eficazmente os venenos em vez de simplesmente os libertarem para o ecossistema microbiano marinho.
- Foram também encontrados micróbios comedores de plástico em aterros [93].

- Nocardiacan degradar o PET com uma enzima de esterase.
- O fungo Geotrichum candidum, encontrado em Belize, consumiu o plástico de policarbonato encontrado nos CDs [94, 95].
- As casas Futuro são feitas de poliésteres reforçados com fibra de vidro, poliester-poliuretano, e PMMA. Uma dessas casas foi considerada degradada de forma prejudicial por Cianobactérias e Archaea [96, 97].

1.14. Triagem Manual do Material para Reciclagem.
1.14.1.   Reciclagem

No sentido dos ponteiros do relógio, a partir do canto superior esquerdo:

- Separação de resíduos plásticos no centro de reciclagem asingle-stream
- Garrafas usadas com cores variadas
- HDPE recuperado e pronto para reciclagem
- Uma lata de irrigação feita a partir de garrafas recicladas

Reciclagem do plástico

A reciclagem do plástico é o reprocessamento dos resíduos plásticos em novos produtos [98-100]. Quando correctamente formado, isto pode reduzir a dependência dos aterros, conservar recursos e proteger o ambiente da poluição plástica e das emissões de gases com efeito de estufa [101, 102]. Embora as taxas de reciclagem estejam a aumentar, ficam atrás das de outros materiais recuperáveis, tais como alumínio, vidro e papel. Desde o início da produção de plástico no século XX, até 2015, o mundo produziu cerca de 6,3 mil milhões de toneladas de resíduos plásticos, dos quais apenas 9% foram reciclados, e apenas ~1% foram reciclados mais de uma vez [103]. Além disso, 12% foram incinerados e os restantes 79% foram depositados em aterros ou no ambiente, incluindo o mar [103].

A reciclagem é necessária porque quase todo o plástico é não-biodegradável e, portanto, acumula-se no ambiente [104, 105], onde pode causar danos. Por exemplo, aproximadamente 8 milhões de toneladas de resíduos de plástico entram anualmente nos oceanos da Terra, causando danos no ecossistema aquático e formando grandes manchas de lixo oceânico [106].

Actualmente, quase toda a reciclagem é efectuada através da refundição e reforma do plástico usado em novos artigos; a chamada reciclagem mecânica. Isto pode causar degradação do polímero a um nível químico, e também requer que os resíduos sejam separados por cor e tipo de polímero antes de serem reprocessados, o que é complicado e dispendioso. As falhas neste processo podem conduzir a material com propriedades inconsistentes, tornando-o inapetente para a indústria [107]. Numa abordagem alternativa conhecida como reciclagem de matérias-primas, os resíduos de plástico são convertidos novamente nos seus produtos químicos iniciais, que podem então ser reprocessados de novo em plástico fresco. Isto oferece a esperança de uma maior reciclagem, mas sofre de custos de energia e capital mais elevados. Os resíduos de plástico também podem ser queimados no lugar dos combustíveis fósseis como parte da recuperação de energia. Esta é uma prática controversa, mas é, no entanto, realizada em grande escala. Em alguns países, é a forma dominante de eliminação de resíduos plásticos, particularmente onde existem políticas de desvio de aterros sanitários.

A reciclagem do plástico situa-se a um nível bastante baixo na hierarquia de resíduos como meio de reduzir os resíduos plásticos. Tem sido defendida desde o início dos anos 70 [108], mas devido a graves desafios económicos e técnicos, não teve um impacto significativo nos resíduos plásticos até ao final dos anos 80. A indústria do plástico tem sido criticada por fazer lobby para a expansão de programas de reciclagem, mesmo enquanto a investigação da indústria mostrou que a maior parte do plástico não podia ser economicamente reciclado e aumentava simultaneamente a quantidade de plástico virgem, ou plástico que não foi reciclado, a ser produzido [109, 110].

1.15. Alterações Climáticas

De acordo com a OCDE, o plástico contribuiu com gases com efeito de estufa no equivalente a 1,8 mil milhões de toneladas de dióxido de carbono (CO_2) para a atmosfera em 2019, 3,4% das emissões globais [111]. Dizem que até 2060, o plástico poderia emitir 4,3 mil milhões de toneladas de emissões de gases com efeito de estufa por ano.

O efeito do plástico no aquecimento global é misto. Os plásticos são geralmente feitos de petróleo, pelo que a produção de plásticos cria mais emissões. No entanto, devido à falta de luz e durabilidade do plástico versus vidro ou metal, o plástico pode reduzir o consumo de energia. Por exemplo, estima-se que a embalagem de bebidas em plástico PET, em vez de vidro ou metal, poupa 52% em energia de transporte [4].

1.16. Produção de Plásticos

A produção de plásticos a partir do petróleo bruto requer 7,9 a 13,7 kWh/lb (tendo em conta a eficiência média das estações de serviço dos EUA de 35%). A produção de silício e semicondutores para equipamentos electrónicos modernos consome ainda mais energia: 29,2 a 29,8 kWh/lb para silício, e cerca de 381 kWh/lb para semicondutores [112]. Isto é muito mais elevado do que a energia necessária para produzir muitos outros materiais. Por exemplo, para produzir ferro (de minério de ferro) são necessários 2,5-3,2 kWh/lb de energia; vidro (de areia, etc.) 2,3-4,4 kWh/lb; aço (de ferro) 2,5-6,4 kWh/lb; e papel (de madeira) 3,2-6,4 kWh/lb [113].

1.17. Incineração de Plásticos

Incineração controlada a alta temperatura, acima de 850 °C durante dois segundos, realizada com aquecimento adicional selectivo, decompõe dioxinas tóxicas e furanos da queima de plástico, e é amplamente utilizada na incineração de resíduos sólidos urbanos. Os incineradores de resíduos sólidos urbanos também incluem normalmente tratamentos de gases de combustão para reduzir ainda mais os poluentes. Isto é necessário porque a incineração não controlada do plástico produz dibenzo-p-dioxinas policloradas, um cancerígeno (produto químico causador de cancro). O problema ocorre porque o conteúdo de calor do fluxo de resíduos varia [114]. A queima do plástico ao ar livre ocorre a temperaturas mais baixas, e normalmente liberta tais fumos tóxicos.

1.18. Eliminação pirolítica

Os plásticos podem ser pirolisados em combustíveis hidrocarbonados, uma vez que os plásticos incluem hidrogénio e carbono. Um quilograma de resíduos de plástico produz aproximadamente um litro de hidrocarboneto [115].

1.19. História

O desenvolvimento dos plásticos evoluiu da utilização de materiais naturalmente plásticos (por exemplo, gomas e goma-laca) para a utilização da modificação química desses materiais (por exemplo, borracha natural, celulose, colagénio e proteínas do leite), e finalmente para plásticos completamente sintéticos (por exemplo, bakelite, epoxy, e PVC). Os primeiros plásticos eram materiais bio-derivados tais como ovo e proteínas do sangue, que são polímeros orgânicos. Em cerca de 1600 a.C., os Mesoamericanos utilizavam borracha natural para bolas, bandas e estatuetas [4]. Os chifres de gado tratados eram utilizados como janelas para lanternas na Idade Média. Materiais que imitavam as propriedades dos chifres eram desenvolvidos através do tratamento das proteínas do leite com lixívia. No século XIX, à medida que a química se desenvolvia durante a Revolução Industrial, muitos materiais eram relatados. O desenvolvimento dos plásticos acelerou-se com a descoberta da vulcanização por Charles Goodyear, em 1839, para endurecer a borracha natural.

Placa comemorativa de Parkes no Museu de Ciência de Birmingham

Parkesine, inventado por Alexander Parkes em 1855 e patenteado no ano seguinte [116], é considerado o primeiro plástico feito pelo homem. Foi fabricado a partir de celulose (o principal componente das paredes das células vegetais) tratada com acidas nítricas como solvente. A saída do processo (geralmente conhecido como nitrato de celulose ou piroxilina) podia ser dissolvido em álcool e endurecido num material transparente e elástico que podia ser moldado quando aquecido [117]. Ao incorporar pigmentos no produto, este poderia ser feito para se assemelhar ao marfim. Parkesine foi revelado na Exposição Internacional de Londres de 1862 e recebeu para Parkes a medalha de bronze [118].

Em 1893, o químico francês Auguste Trillat descobriu os meios para insolubilizar a caseína (proteínas do leite) por imersão em formaldeído, produzindo material comercializado como galalite[119]. Em 1897, o proprietário da prensa de impressão em massa Wilhelm Krische de Hannover, Alemanha, foi incumbido de desabrochar uma alternativa aos quadros negros [119]. O plástico resultante em forma de chifre feito de caseína foi desenvolvido em cooperação com o químico austríaco (Friedrich) Adolph Spitteler (1846-1940). Embora inadequado para o fim pretendido, outros usos seriam descobertos [119].

O primeiro plástico totalmente sintético do mundo foiBakelite, inventado em Nova Iorque em 1907 por Leo Baekeland [5], que cunhou o termo plástico [6]. Muitos químicos contribuíram para a ciência dos materiais plásticos, incluindo o prémio Nobel Hermann Staudinger, que tem sido chamado "o pai da química dos polímeros", e Herman Mark, conhecido como "o pai da física dos polímeros" [7].
Após a Primeira Guerra Mundial, as melhorias na química levaram a uma explosão de novas formas de plástico, com a produção em massa a começar nos anos 1940 e 1950 [53]. Entre os primeiros exemplos da vaga de novos polímeros, contam-se o poliestireno (produzido pela primeira vez pela BASFin nos anos 30)[4] e o cloreto de polivinilo (criado pela primeira vez em 1872, mas produzido comercialmente no final dos anos 20) [4]. Em 1923, a Durite Plastics, Inc., foi o primeiro fabricante de resinas fenol-furfural [120]. Em 1933, o polietileno foi descoberto pelos investigadores da Imperial Chemical Industries (ICI) Reginald Gibson e Eric Fawcett [4].

A descoberta do tereftalato de polietileno é creditada aos empregados da Calico Printers' Association no Reino Unido em 1941; foi licenciada à DuPont para os EUA e ICI, e como um dos poucos plásticos apropriados como substituto do vidro em muitas circunstâncias, resultando numa utilização generalizada para garrafas na Europa [4]. Em 1954, o polipropileno foi descoberto por Giulio Nattaand e começou a ser fabricado em 1957 [4]. Também em 1954 o poliestireno expandido (utilizado para isolamento de edifícios, embalagens e copos) foi inventado pela Dow Chemical [4].

1.20. Política

Está actualmente em curso o trabalho para desenvolver um tratado global sobre poluição plástica. A 2 de Março de 2022, os Estados membros da ONU votaram na quinta Assembleia das Nações Unidas para o Ambiente (UNEA-5.2) para estabelecer um Comité Intergovernamental de Negociação (INC) com o mandato de fazer avançar um acordo internacional juridicamente vinculativo sobre os plásticos [121]. A resolução intitula-se "Acabar com a poluição por plásticos": Rumo a um instrumento internacional juridicamente vinculativo". O mandato especifica que o INC deve iniciar os seus trabalhos até ao final de 2022 com o objectivo de "completar um projecto de acordo global juridicamente vinculativo até ao final de 2024" [122].

1.21. Referências

[1].   "Ciclo de Vida de um Produto Plástico". Americanchemistry.com. Arquivado em 2010-03-17.
        Recuperado em 2011-07-01.
[2].   Ambiente, U. N. (2021). "Afogamento em Resíduos Plásticos-MarinhaPlástico Gráfico Vital".
        UNEP - Programa das Nações Unidas para o Ambiente. Recuperado em 2022-03-21.
[3].   "Os impactos ambientais da utilização de plásticos e microplásticos, e as medidas nacionais".
        europarl.europa.eu. Outubro de 2020.
[4].   Andrady AL, Neal MA (Julho de 2009) "Applications and societal benefits of plastics".
        Philosophical Transactions of the Royal Society of London.Series B, Biological Sciences.
        364 (1526): 1977–84.
[5].   Marcos históricos da American Chemical Society National Historic Chemical Landmarks.
        "Bakelite": O Primeiro Plástico Sintético do Mundo". Recuperado a 23 de Fevereiro de 2015.
[6].   Edgar D, Edgar R (2009). Fantastic Recycled Plastic: 30 Clever Creations Imagination.
        Sterling Publishing Company, Inc.ISBN978-1-60059-342-0- via Google Books.
[7].   Teegarden DM (2004). Polymer Chemistry: Introdução a uma Ciência Indispensável.
        NSTA Press.ISBN978-0-87355-221-9- via Google Books.

[8].   "Plastikos" πλαστι^κ-ός. Henry George Liddell, Robert Scott, A Greek-English Lexicon.
     Recuperado em 2011-07-01.
[9].   "Plástico". Online Etymology Dictionary.Retrieved 2021-07-29.
[10].   Ebbing D, Gammon SD (2016). Química Geral. Aprendizagem Cengage.
     ISBN978-1-305-88729-9.
[11].   "Classificação dos Plásticos". Joanne e Steffanie's Plastics Web Site. Arquivado em 2007...
     12-15. Recuperado em 2011-07-01.
[12].   Kent R. "Tabela Periódica de Polímeros". Rede de Consultadoria de Plásticos. Arquivada em 2008...
     07-03.
[13].   "Composição e Tipos de Plástico". Infoplease.Arquivado em 2012-10-15. Recuperado em 2009...
     09-29.
[14].   Gilleo K (2004). Area Array Packaging Processes: Para BGA, Flip Chip, e CSP. McGraw
     Hill Professional.ISBN978-0-07-142829-3- via Google Books.
[15].   Kutz M (2002).Handbook of Materials Selection.John Wiley & Sons.
     ISBN 978-0-471-35924-1- via Google Books.
[16].   Heeger AJ, Kivelson S, Schrieffer JR, Su WP (1988). "Solitons in Conducting
     Polímeros". Revisões da Física Moderna. 60 (3): 781–850.
[17].   "Propriedades do Cobre". Associação para o Desenvolvimento do Cobre.
[18].   Brandl H, Püchner P (1992). "Biodegradação Biodegradação de Garrafas Plásticas Fabricadas
     de 'Biopol' num Ecossistema Aquático em Condições de Situ". Biodegradação. 2 (4):
     237–43.
[19].   "Biochemical Opportunities in the UK, NNFCC 08-008 - NNFCC". Arquivado em 2011-
     07-20. Recuperado em 2011-03-24.
[20].   "A indústria dos bioplásticos mostra um crescimento dinâmico". 5 de Dezembro de 2019.
[21].   "Tornando-se Empregado numa Indústria Bioplástica em Crescimento - MAGAZINE bioplásticos".
     www.bioplasticsmagazine.com.
[22].   Galie F (Novembro de 2016).
     "Tendências do Mercado Global e Investimentos em Polietileno e Polipropileno".ICIS
     Whitepaper.Reed Business Information, Inc. Recuperado em 16 Dez.2017.
[23].   Geyer, Roland; Jambeck, Jenna R.; Law, Kara Lavender (Julho 2017).
     "Produção, utilização e destino de todos os plásticos alguma vez feitos". A ciência avança. 3 (7): e1700782.
[24].   "Top 100 Producers": The Minderoo Foundation". www.minderoo.org. Recuperado 14
     Outubro de 2021.

[25].   https://www.plasticseurope.org/application/file/5716/0752/4286/WEB-2020-
ING_FINAL.
          {{cite web}}: Em falta ou vazio |title=(ajuda)
[26].   PP&A significa polímeros de poliéster, poliamida e acrilato; todos eles são utilizados
para
          fibras sintéticas improvisadas. Deve-se ter o cuidado de não confundir com a
poliftalamida (PPA).
[27].   A maioria dos poliuretanos são termoplásticos, no entanto, alguns termoplásticos são
também
          produzido, por exemplo,pandex
[28].   "Factsheet Plastic Recycling". EuRIC - Confederação Europeia das Indústrias de
Reciclagem.
          Recuperado a 9 de Novembro de 2021.
[29].   "Polímeros em aplicações aeroespaciais". Euroshore.Retrieved 2021-06-02.
[30].   "Materiais de embalagem sustentáveis para snacks". 2021-10-28. Arquivado em 28
de Outubro de 2021.
          Recolhido em 2022-09-10.
[31].   Hahladakis JN, Velis CA, Weber R, Iacovidou E, Purnell P (Fevereiro de 2018).
          "Uma visão geral dos aditivos químicos presentes nos plásticos": Migratio,
eliminação e reciclagem".
          Journal of Hazardous Materials.344: 179-199.
[32].   Marturano, Valentina; Cerruti, Pierfrancesco; Ambrogi, Veronica (27 de Junho de
2017).
          "Polymer additives".Physical Sciences Reviews. 2 (6): 130.
[33].   Pfaendner, Rudolf (2006). "Como irão os aditivos moldar o futuro dos plásticos?".
Polímero
          Degradação e Estabilidade. 91 (9): 2249–2256.
[34].   "Exercício de cartografia - Iniciativa sobre aditivos plásticos - ECHA".
echa.europa.eu. Recuperado 3
          Maio de 2022.
[35].   Wiesinger, H.; et al. (2021-07-06). "Deep Dive into Plastic Monomers, Additives,
and
          Processing Aids".Environmental Science & Technology. 55 (13): 9339–9351.
[36].   "Documentos de Cenário de Emissões": No. 3 Aditivos Plásticos (2004, revisto em
2009)".
          Organização para a Cooperação e Desenvolvimento Económico. Recuperado a 19 de
Maio de 2022.
[37].   Elias, Hans-Georg; et al. (14 de Abril de 2015). "Plásticos, Inquérito Geral, 1.
definição,
          Estrutura e Propriedades Moleculares".Ullmann's Encyclopedia Industrial
Chemistry: 1-70.
[38].   Teuten EL, et al. (Julho de 2009).
          "Transporte e libertação de produtos químicos dos plásticos para o ambiente e para a
vida selvagem".
          Philosophical Transactions of the Royal Society of London.Series B, Biological
Sciences.

364 (1526): 2027–45.

[39].   "Modificadores de impacto: como tornar o seu composto mais duro". Plásticos, Aditivos e
Compostagem. 6 (3): 46–49. Maio de 2004.

[40].   Hahladakis JN, Velis CA, Weber R, Iacovidou E, Purnell P (Fevereiro de 2018).
"Uma visão geral do impacto ambiental dos aditivos químicos durante a sua eliminação e reciclagem".
Journal of Hazardous Materials.344: 179-199.

[41].   McRandle PW (Março-Abril 2004). "Garrafas de Água Plástica".
National Geographic.Retrieved 2007-11-13.

[42].   Yang CZ, Yaniger SI, Jordan VC, Klein DJ, Bittner GD (Julho de 2011).
"A maioria dos produtos plásticos libertam químicos estrogénicos: um problema de saúde que pode ser resolvido".
Perspectivas de Saúde Ambiental. 119 (7): 989–96.

[43].   Rubin BS, Murray MK, Damassa DA, Rei JC, Soto AM (Julho de 2001).
"A exposição perinatal a baixas doses de bisfenol A afecta o peso corporal, os níveis de LH plasmático".
Perspectivas de Saúde Ambiental. 109 (7): 675–80.

[44].   Alonso-Magdalena P, et al. (Janeiro de 2006).
"O efeito estrogénico do bisfenol A perturba o pâncreas induz a resistência à insulina".
Perspectivas de Saúde Ambiental. 114 (1): 106–12. Arquivado em 2009-01-19.

[45].   Zajac A (2010) "FDA Issues BPA Guidelines".Los Angeles Times.Retrieved 2021-07-29.

[46].   McCormick LW (2009) "More Kids' Products Found Containing Unsafe Chemicals".
ConsumerAffairs.com.

[47].   Weisman A (2007). O mundo sem nós. Nova Iorque: Thomas Dunne Books/St. Martin's
Imprensa. ISBN 978-1-4434-0008-4.

[48].   Geyer R, Jambeck et al. (2017). "Produção, utilização e destino de todos os plásticos alguma vez feitos".
A ciência avança. 3 (7): e1700782..

[49].   Leung H (21 de Abril de 2018).
"Cinco países asiáticos despejam mais plástico nos oceanos do que como se pode ajudar".
Forbes. Recuperado a 23 de Junho de 2019.

[50].   Schmidt C, Krauth, et al. (2017). "Exportação de Detritos Plásticos pelos Rios para o Mar".
Ciência e Tecnologia Ambiental. 51 (21): 12246–12253.

[51].   Franzen H (2017): "Quase todo o plástico do oceano provém de apenas 10 rios".
Deutsche Welle. Recuperado a 18 de Dezembro de 2018.

[52].   Barnes DK, Galgani F, Thompson RC, Barlaz M (Julho de 2009).
"Acumulação e fragmentação de detritos plásticos em ambientes globais".
Trans. da Royal Society of London. Série B, Biological Scis. 364 (1526): 1985–98.

[53].   Thompson RC, et al. (Julho de 2009) "Our plastic age".Philosophical Transactions of the

Royal Society of London.Series B, Ciências Biológicas. 364 (1526): 1973–6.

[54]. Carrington, D. (2021)"'Disastrous' plastic use in farming threatens food safety - UN".
The Guardian.Retrieved 8 de Dezembro de 2021.

[55]. Cabernard, Livia; Pfister, Stephan; Oberschelp, Christopher; Hellweg, (2021-12-02).
"Crescente pegada ambiental dos plásticos movidos pela combustão do carvão".
Sustentabilidade da Natureza. 5 (2): 139–148.

[56]. Arthur, Courtney; Baker, Joel; Bamford, Holly (2009).
"Actas do Workshop Internacional de Investigação de Detritos Marinhos de Microplásticos"
Memorando Técnico da NOAA. Arquivado em 2021-04-28. Recuperado em 2018-10-25.

[57]. Collignon, A.; et al. (2014).
"Variação anual em micro neustónicos e baía de Calvi (Mediterrâneo-Córsega)".
Boletim sobre a Poluição Marinha. 79 (1–2): 293–298. Arquivado em 2021-09-20

[58]. Agência Europeia dos Produtos Químicos.
"Restrição do uso de produtos de uso oprofissional intencionalmente adicionados de qualquer tipo".
ECHA.Comissão Europeia.Arquivado a 15 de Janeiro de 2022.Recuperado a 8 de Setembro de 2020.

[59]. Cole, Matthew; et al. (18 de Junho de 2013) "Microplastic Ingestion by Zooplankton".
Ciência e Tecnologia Ambiental. 47 (12): 6646–6655. Arquivado a 10 de Novembro 2021. Recuperado a 4 de Maio de 2020.

[60]. "De onde vem o lixo marinho?". Marine Litter Facts.British Plastics
Federação.Arquivado em 2021-05-18. Recuperado em 2018-09-25.

[61]. Boucher, Julien; Friot, Damien (2017). Microplásticos primários nos oceanos: Um global
avaliação das fontes. ISBN 978-2831718279.

[62]. Kovochich, Michael; et al. (Fevereiro de 2021).
"Cartografia química de partículas de desgaste de pneus e estradas para análise de partículas únicas".
Science of the Total Environment.757: 144085.

[63]. Conkle, J. L.; et al. (2018).
"Estamos a subestimar a Contaminação Microplástica em Ambientes Aquáticos?".
Gestão Ambiental. 61 (1): 1–8.

[64]. "Julho livre de plástico": Como deixar de consumir acidentalmente partículas de plástico das embalagens".
Coisas. 2019-07-11. Arquivado em 2021-11-04. Recuperado em 2021-04-13.

[65]. "Soluções de desenvolvimento": Construir um oceano melhor". Banco Europeu de Investimento.
Arquivado em 2021-10-21. Recuperado em 2020-08-19.

[66]. Resnick, Brian (2018-09-19).
"Mais do que nunca, as nossas roupas são feitas de plástico. A simples lavagem polui os oceanos".
Vox. Arquivado em 2022-01-05. Recuperado em 2021-10-04.

[67]. Chamas, Ali; et al.(2020) "Degradation Rates of Plastics in the Environment".

ACS Química & Engenharia Sustentável. 8 (9): 3494–3511.

[68]. Klein S, et al. Dimzon IK, Eubeler J, Knepper TP (2018). "Análise, Ocorrência, e Degradação dos Microplásticos no Ambiente Aquoso". Em Wagner M, Lambert S (eds.). The Handbook of Environmental Chemistry.Vol.
58.Cham.: Springer. pp. 51-59.

[69]. Grossman, Elizabeth (2015) "How Plastics from Your Clothes Can End up up in Your Fish".
Tempo. Arquivado em 2020-11-18. Recuperado em 2015-03-15.

[70]. "Quanto Tempo Demora o Lixo a Decompor". 4 Oceano. 20 de Janeiro de 2017. Arquivado em
25 de Setembro de 2018. Recuperado a 25 de Setembro de 2018.

[71]. "Porque é que o problema do plástico dos alimentos é maior do que nos apercebemos". www.bbc.com. Arquivado em 2021...
11-18. Recolhido em 2021-03-27.

[72]. Nexo, Sally (2021). Como jardinar o caminho do baixo carbono: os passos que se podem dar para ajudar
combater as alterações climáticas (Primeira edição americana). Nova Iorque. ISBN 978-0744029284.

[73]. Xue B, Zhang L, Li R, Wang Y, Guo J, Yu K, Wang S (Fevereiro de 2020). "Subestimado
Poluição Microplástica Derivada das Actividades Pesqueiras e "Escondida" em Sedimentos Profundos".
Ciência e Tecnologia Ambiental. 54 (4): 2210–2217.

[74]. "Microplásticos da Pesca Oceânica Podem 'Esconder-se' em Sedimentos Profundos". Revista ECO.
3 de Fevereiro de 2020. Arquivado a 18 de Janeiro de 2022. Recuperado a 15 de Maio de 2021.

[75]. "Nenhuma montanha suficientemente alta: o estudo encontra o plástico no ar 'limpo'". The Guardian.AFP. 21
Dezembro de 2021. Arquivado a 14 de Janeiro de 2022. Recuperado a 21 de Dezembro de 2021.

[76]. "Microplásticos encontrados no sangue humano pela primeira vez". Independente. 26 de Março
2022. Arquivado em 2022-05-14.

[77]. Leslie, Heather A.; et al. (2022).
"Descoberta e quantificação da poluição por partículas de plástico no sangue humano".
Ambiente Internacional. 1 (3): 117.

[78]. American Chemical Soc...
"Plásticos nos Oceanos Decompõem, Libertam Produtos Químicos Perigosos, Novo Estudo Diz".
Science Daily.Science Daily.Retrieved 15 de Março de 2015.

[79]. Le Guern C (Março de 2018) "When The Mermaids Cry: The Great Plastic Tide". Costeira
Cuidados. Arquivado a 5 de Abril de 2018. Recuperado a 10 de Novembro de 2018.

[80]. Kinoshita S, Kageyama S, Iba K, Yamada Y, Okada H (1975).

"Utilização de um Dímero Cíclico e Oligómero Linear Achromobacter Guttatus".
Química Agrícola e Biológica. 39 (6): 1219–1223.
[81]. Tokiwa Y, Calabia BP, Ugwu CU, Aiba S (2009). "Biodegradabilidade dos plásticos".
International Journal of Molecular Sciences. 10 (9): 3722–42.
[82]. Russell JR, Huang J, Anand P, Kucera K, Sandoval AG, Dantzler KW, et al. (Setembro
2011). "Biodegradação do poliuretano de poliéster por fungos endofíticos".
Microbiologia Aplicada e Ambiental. 77 (17): 6076–84.
[83]. Russell JR, et al. (Setembro de 2011).
"Biodegradação do poliuretano de poliéster por fungos endofíticos".
Microbiologia Ambiental. 77 (17): 6076–84.
[84]. "Projecto de Repositório Geológico Profundo". Ceaa-acee.gc.ca. Recuperado em 2017-04-18.
[85]. Roy R (2006-03-07) "Immortal Polystyrene Foam Meets its Enemy". Livescience.com.
Recuperado em 2017-04-18.
[86]. Ward PG, Goff M, Donner M, Kaminsky W, O'Connor KE (Abril de 2006). "Uma dupla etapa
conversão quimio-biotecnológica do poliestireno para um termoplástico biodegradável".
Ciência e Tecnologia Ambiental. 40 (7): 2433–7..
[87]. Cacciari I, et al. (Novembro de 1993).
"Biodegradação isotáctica do polipropileno por caractérito dos metabolitos produzidos".
Microbiologia Aplicada e Ambiental. 59 (11): 3695–700.
[88]. Ishtiaq AM (2011). Degradação Microbiana de Plásticos de Policloreto de Vinilo (Ph.D.).
Islamabade: Universidade de Quaid-i-Azam. Arquivado em 2013-12-24. Recuperado em 2013-12-23.
[89]. Gusse AC, Miller PD, Volk TJ (Julho de 2006). "Fungos de putrefacção branca demonstram primeiro
biodegradação da resina fenólica". Ciência & Tecnologia Ambiental. 40 (13): 4196–9.
[90]. "CanadaWorld - Estudante do WCI isola micróbio que almoça em sacos de plástico". O
Record.com. Arquivado em 2011-07-18.
[91]. Hadad D, Geresh S, Sivan A (2005).
"Biodegradação do polietileno pela bactéria termófila borstelensis".
Journal of Applied Microbiology. 98 (5): 1093–100.
[92]. Sino TE (2007). "Prevenir Espaços "Doentes"".
[93]. Cappitelli F, Sorlini C (2008).
"Microorganismos atacam polímeros sintéticos em artigos que representam a nossa herança cultural".
Microbiologia Aplicada e Ambiental. 74 (3): 564–9.
[94]. Zaikab GD (Março de 2011). "Marine Microbes Digest Plastic". Nature.

[95]. Bosch X (2001): "Fungus Eats CD". Nature.doi:10.1038/news010628-11.

[96]. "Fungus 'Come' CDs". BBC News. 22 de Junho de 2001.

[97]. Cappitelli F, et al. (2006). "Biodeterioração de materiais modernos na contemporaneidade
colecções: pode a biotecnologia ajudar?".Trends in Biotechnology. 24 (8): 350–4.

[98]. Rinaldi A (2006).
"Salvar um legado frágil". A biotecnologia restaura o património cultural do mundo".
Relatórios EMBO. 7 (11): 1075–9.

[99]. Al-Salem, S.M.; Lettieri, P.; Baeyens, J. (Outubro de 2009). "Reciclagem e vias de recuperação
de resíduos sólidos plásticos (PSW): Uma revisão". Gestão de resíduos. 29 (10): 2625–2643.

[100]. Ignatyev, I.A.; Thielemans, W.; Beke, B. Vander (2014). "Reciclagem de Polímeros: A
Revisão". ChemSusChem". 7 (6): 1579–1593.

[101]. Lazarevic, David; et al. (Dezembro de 2010). "A gestão dos resíduos plásticos no contexto de um
Sociedade Europeia de Reciclagem: Comparação de resultados e incertezas num ciclo de vida
perspectiva". Recursos, Conservação e Reciclagem. 55 (2): 246–259.

[102]. Hopewell, Jefferson; Dvorak, Robert; Kosior, Edward (27 de Julho de 2009).
"Reciclagem de plásticos:desafios e oportunidades". Transacções Filosóficas do Real
Sociedade B: Ciências Biológicas. 364 (1526): 2115–2126.

[103]. Lange, Jean-Paul (2021).
"Managing Plastic Waste—Sorting, Recycling, Disposal, and Product Redesign". ACS
Química e Engenharia Sustentável. 9 (47): 15722–15738.

[104]. Geyer, Roland; Jambeck, Jenna R.; Law, Kara Lavender (Julho 2017).
"Produção, utilização e destino de todos os plásticos alguma vez feitos". A ciência avança. 3 (7): e170078

[105]. Andrady, Anthony L. (Fevereiro de 1994). "Assessment of Environmental Biodegradation of
Polímeros Sintéticos". J. de Macromolecular Sci., Parte C: Revisões de Polímeros. 34 (1): 25–76.

[106]. Ahmed, Temoor; et al. (Março de 2018). "Biodegradação dos plásticos: cenário actual e
perspectivas futuras para a segurança ambiental". Ciência Ambiental e Poluição Investigação. 25 (8): 7287–7298.

[107]. Jambeck, Jenna, Science 13 de Fevereiro de 2015: Vol. 347 no. 6223; et al. (2015). "Plástico
entradas de resíduos da terra para o oceano". Ciência. 347 (6223): 768–771.

[108]. "Communication from the European Economic and SociaCircular Economy".
eur-lex.europa.eu.

[109]. Huffman, George L.; Keller, Daniel J. (1973). "The Plastics Issue".Polymers and
Problemas Ecológicos: 155-167. ISBN 978-1-4684-0873-7.

[110]. Rádio Pública Nacional, 12 de Setembro de 2020

"Quão grande é o petróleo enganado pelo público para acreditar que o plástico seria reciclado"

[111]. PBS, Frontline (2020), "Plastics Industry Insiders Reveal the Truth About Recycling" (Os Insiders da Indústria do Plástico Revelam a Verdade sobre a Reciclagem)

[112]. "Fugas plásticas e aumento das emissões de gases com efeito de estufa".OECD.Retrieved 2022-08-11.

[113]. De Decker K (Junho de 2009). Grosjean V (ed.).
"The monster footprint of digital technology".Low-Tech Magazine.recuperada em 2017-04-18.

[114]. "Quanta energia é necessária para produzir 1 quilograma dos seguintes materiais?".Baixa...
Revista Tech. 2014-12-26. Recuperado em 2017-04-18.

[115]. Halden (2010) "Plastics and health risks".Annual Review of Public Health.31: 179-94.

[116]. Narayanan S (12 de Dezembro de 2005): "Os Zadgaonkars transformam sacos de transporte em gasolina".
Hindu.Arquivado em 2012-11-09.Recuperado a 1 de Julho de 2011.

[117]. UK Patent office (1857).Patentes para invenções.UK Patent office.p. 255.

[118]. "Dicionário - Definição de celluloid".Websters-online-dictionary.org. Arquivado em 2009-
12-11. Recuperado em 2011-10-26.

[119]. Fenichell S (1996). Plástico: a construção de um século sintético. Nova Iorque: HarperBusiness.
p.17.ISBN978-0-88730-732-4.

[120]. Trimborn C (Agosto de 2004). "Jewelry Stone Make of Milk". GZ Art+Design.Recuperado
2010-05-17.

[121]. "Historical Overview and Industrial Development".International Furan Chemicals, Inc.
Recuperado a 4 de Maio de 2014.

[122]. Geddie, John; (2022)"'O maior negócio verde desde Paris': A ONU concorda com o roteiro do tratado de plástico".
Reuters. Recuperado em 2022-08-03.

[123]. "Dia histórico na campanha para vencer a poluição plástica: acordo juridicamente vinculativo".
Ambiente da ONU. 2022-03-02. Recuperado 2022-08-03.

Capítulo (2)

Máquina sopradora de filme e máquina sopradora de plástico

2.1. Filme Plástico

Filme plástico um material polimérico fino e contínuo. O material plástico mais espesso é muitas vezes chamado de "folha". Estas finas membranas de plástico são utilizadas para separar áreas ou volumes, para segurar artigos, para actuar como barreiras, ou como superfícies imprimíveis.

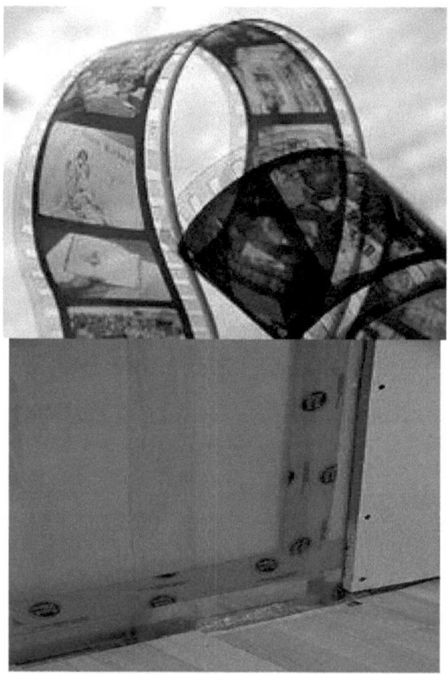

Tira de filme (película fotográfica)6 mil folhas de plástico de polietileno como vapor barreira na construção.

Confeitaria em bioplástico PLA-blend bio-flex

As películas plásticas são utilizadas numa grande variedade de aplicações. Estas incluem: embalagem, sacos de plástico, etiquetas, construção de edifícios, paisagismo, fabrico eléctrico, filme fotográfico, stock de filmes, fita vídeo, etc.

2.1.1. Materiais

Quase todos os plásticos podem ser formados numa película fina. Alguns dos primários são [6]:

- Polietileno - A película plástica mais comum é feita de uma das variedades de polietileno: polietileno de baixa densidade, polietileno de média densidade, polietileno de alta densidade, ou polietileno linear de baixa densidade.
- Polipropileno - O polipropileno pode ser feito um filme de elenco, filme de orientação biaxial (BOPP), ou como um filme de orientação uniaxial.
- Poliéster - BoPET é um filme de poliéster de orientação biaxial.
- Nylon - BOPA/BON é uma Poliamida/Nylon Biaxialmente Orientada - (comummente conhecida como Nylon)
- O filme de policloreto de vinilo pode ser com ou sem Plastificante
- Acetato de celulose - um bioplástico precoce.
- Celofane - feito de celulose regenerada.
- Existe uma variedade de bioplásticos e plásticos biodegradáveis [1].
- Película semi-encarnada - A película semi-encarnada pode ser utilizada como revestimento da borracha calandrada para reter as propriedades da borracha e também para evitar que o pó e outras matérias estranhas adiram à borracha durante a calandragem e durante o armazenamento.

2.1.2. Processos

Um tubo de filme extrudido a ser soprado para se expandir

Os filmes plásticos são normalmente termoplásticos e são formados por fusão para formar o filme [2]:

- Fundido - A extrusão de plástico pode fundir película que é arrefecida ou apagada e depois enrolada num rolo.
- O filme extrudido pode ser esticado, afinado, ou orientado numa ou duas direcções. O processo soprado ou tubular força o ar para dentro de um anel extrudido para expandir o filme. As armações de tenda plana esticam a película extrudida antes do recozimento [3].
- Os rolos de calandra podem ser utilizados para formar película a partir de polímeros quentes [4].
- A deposição da solução é outro processo de formação do filme.
- O skiving é utilizado para raspar uma película de um núcleo sólido (por vezes utilizado para fazer fita de vedação de fio PTFE)
- A coextrusão envolve a extrusão de duas ou mais camadas de polímeros dissimilares num único filme
- A laminação combina dois ou mais filmes (ou outros materiais) numa sanduíche [5].
- O revestimento por extrusão é utilizado para formar um filme sobre outro filme ou substrato

2.1.3. Processamento adicional

As películas plásticas são tipicamente formadas em rolos por corte em rolo. Frequentemente são também utilizadas operações adicionais de revestimento ou de impressão. Os filmes podem ser modificados por deposição física de vapor para fazer películas meta-elizadas. As películas podem ser sujeitas a tratamento corona ou processamento de plasma; as películas podem ter agentes desmoldantes aplicados conforme necessário.

2.2. Máquina sopradora de filme

Uma máquina sopradora de película envolve um processo utilizado para fazer película plástica. O processamento tubular extrudido é mais frequentemente utilizado com películas de polietileno mas pode ser utilizado com outros polímeros [6].

A película pode ser película laminadora, película retráctil, película de cobertura agrícola, sacos ou película para têxteis e vestuário, e outros materiais de embalagem.

2.2.1. Informação Técnica

As peças incluem: parafuso e barril, motor, inversor, aquecedores, cabeça de perfuração, bobinador e torre. O motor principal pode ter controlo de frequência da velocidade do motor para melhorar a regulação de velocidade e poupar electricidade. O parafuso e o barril de material podem ser feitos de uma liga de crómio-molibdénio-alumínio tratada com nitrogénio [7].

2.2.2. Processo

No início do processo, os polimercomos sob a forma de pellet. são aquecidos e fundidos num líquido viscoso entre parafusos rotativos e barris da extrusora. Isto permite que o polímero seja alimentado através de um molde que o molda sob a forma de tubo. Este tubo é então cuidadosamente insuflado, para que não haja risco de rasgar, numa bolha, injectando-o com ar. A bolha é simultaneamente arrefecida no seu interior, através de um sistema de refrigeração, e na superfície exterior, através da utilização de um anel de ar, para solidificar o material. Um conjunto de estruturas ou guias em colapso é então utilizado para colapsar a bolha em duas camadas, mais definidas, dentro de uma maior proximidade. Agora que as camadas estão mais próximas, uma série de rolos de niple achatam as camadas para formar uma película de plástico de duas camadas que é depois enrolada num rolo cilíndrico para fins de embalagem. Este processo pode variar em função das especificações e modelos das máquinas [8].

2.2.3. Instabilidades da bolha

Caso a bolha formada pela injecção de ar não seja manuseada com cuidado, a bolha pode tornar-se instável e deformar-se de várias formas diferentes.

- A ressonância do desenho existe quando a velocidade do filme cuja solidificação ocorre é muito maior do que a velocidade do líquido derretido à saída do molde. Isto faz com que o derretimento se estique demasiado depressa e o diâmetro da bolha comece a variar ao longo da sua superfície. Uma forma de corrigir esta situação é aumentar a velocidade do derretimento através do coto.

- A instabilidade helicoidal é perceptível quando um lado da bolha é arrefecido mais do que o outro devido ao anel de ar. A bolha começa então a formar uma forma helicoidal à medida que atinge os quadros em colapso. Isto pode ser evitado ou baixando a temperatura de fusão ou aumentando a saída da extrusora.
- A instabilidade da altura da linha de congelação resulta numa variação da espessura da bolha. Isto é causado por amplificadores motores de extrusão e contrapressão. Para evitar esta variação na espessura, devem ser implementadas melhorias na alimentação e derretimento do material.
- Instabilidade da bolha pesada - A instabilidade da bolha pesada refere-se à flacidez da bolha em direcção ao fundo. Quando isto ocorre, significa que não está a ser suficientemente arrefecida. Baixar a altura da linha de congelação ou baixar a temperatura de fusão ajudará a bolha na sua face de arrefecimento, causando menos flacidez.
- A bolha de ar vibrante aparece abaixo da linha de congelação quando o ar frio colide com a superfície da bolha. Uma maior altura da linha de congelação, uma menor temperatura de fusão e um espaço mais estreito para o cotovelo podem resolver este problema.
- A respiração da bolha ocorre quando o volume do ar na bolha continua a mudar periodicamente. Isto provoca uma variação na espessura do filme. Algumas soluções incluem o controlo do sistema de arrefecimento e sensores, uma redução das temperaturas de fusão, ou a diminuição da saída da extrusora.
- O rasgo de bolha aparece como um rasgo na bolha, o que acontece quando a força necessária para atirar a bolha para dentro dos rolos de nip é superior à resistência à tracção da película derretida. Uma solução simples para isto é reduzir a saída da extrusora ou aumentar o molde e a temperatura de fusão.

2.3. Envoltório Plástico

Película plástica, película aderente, película Saran, película aderente, película Glad wrap ou película alimentar é uma película plástica fina utilizada ypicamente para selar alimentos em recipientes para os manter frescos durante um período de tempo mais longo. Envoltório plástico, tipicamente vendido em rolos em caixas com uma lâmina de corte, agarra-se a muitas superfícies lisas e pode assim permanecer apertado sobre a abertura de um recipiente sem adesivo. O invólucro plástico comum tem aproximadamente 0,0005 polegadas (12,7 μm) de espessura [9, 10]. A tendência tem sido a de produzir um invólucro plástico mais fino, particularmente para uso doméstico (onde é necessário muito pouco estiramento), por isso agora a maioria das marcas nas prateleiras em todo o mundo tem 8, 9 ou 10 μm de espessura.

Um rolo de plástico

2.3.1. Materiais utilizados

O invólucro plástico foi inicialmente criado a partir de cloreto de polivinilo (PVC), que continua a ser o componente mais comum a nível mundial. O PVC tem uma permeabilidade aceitavelmente baixa ao vapor de água e ao oxigénio [11], ajudando a preservar a frescura dos alimentos. Há preocupações sobre a transferência de plastificantes do PVC para os alimentos. Pliofilmwas foi feito de vários tipos de cloreto de borracha, utilizado em meados do século XX, poderia ser selado por calor [12].

Uma alternativa comum e mais barata ao PVC é o polietileno de baixa densidade (PEBD). É menos adesivo que o PVC, mas isto pode ser remediado adicionando polietileno de baixa densidade linear (PEBDL), o que também aumenta a resistência à tracção da película [13].

Nos EUA e no Japão, o plástico é por vezes produzido utilizando cloreto de polivinilideno (PVdC), embora algumas marcas, como o Saranwrap, tenham mudado para outras formulações devido a preocupações ambientais [14].

2.3.2. Utilização alimentar
2.3.2.1. Finalidade

O papel mais importante do invólucro plástico nas embalagens alimentares é a protecção e conservação. Os invólucros de plástico podem impedir a perecimento dos alimentos, prolongar a sua validade e manter a qualidade dos alimentos. Os invólucros plásticos geralmente fornecem protecção aos alimentos contra três aspectos: químicos (gases, humidade e luz), biológicos (microrganismos, insectos e animais), e físicos (danos mecânicos). Para além da protecção e conservação dos alimentos, o invólucro plástico pode também reduzir o desperdício alimentar, etiquetar informação alimentar, facilitar os processos de distribuição, e aumentar a visibilidade do produto e a sua capacidade de micro ondulação [15]. Nos anos 70, Snappies cling-film foi anunciado no Reino Unido por Katie Boyle [16].

Pão embrulhado em invólucro plástico

2.3.2.2. Preocupação com a saúde

Os materiais plásticos são amplamente utilizados na indústria alimentar devido ao seu baixo preço e conveniência; contudo, tem havido uma preocupação crescente com a saúde devido à possibilidade de libertação de químicos indesejáveis dos materiais plásticos para os produtos alimentares. As embalagens plásticas são feitas de vários materiais, tais como polietileno, polietileno de baixa densidade, etc. Aditivos, incluindo lubrificantes, plastificantes, absorvedores de UV, corantes, e antioxidantes, são adicionados em materiais plásticos a fim de melhorar a qualidade e propriedades dos plásticos. Além disso, os materiais plásticos são frequentemente revestidos e impressos nos processos finais, nos quais são utilizadas tintas e vernizes. Embora as propriedades de barreira das embalagens plásticas proporcionem protecção dos alimentos contra contaminações externas, os aditivos e materiais de revestimento nas embalagens plásticas são capazes de penetrar nos alimentos e causar problemas relacionados com a saúde [17].

"É verdade que as substâncias utilizadas para fazer plástico podem lixiviar para os alimentos", diz Edward Machuga, Ph.D., responsável pela segurança do consumidor no Centro de Segurança Alimentar e Nutrição Aplicada da FDA. "Mas como parte do processo de aprovação, a FDA considera a quantidade de uma substância que se espera que migre para os alimentos e as preocupações toxicológicas sobre a substância química específica". Alguns casos chamaram a atenção dos meios de comunicação social nos últimos anos. Um caso diz respeito ao adipato de dietilhexilo (DEHA). DEHA é um plastificante, uma substância adicionada a alguns plásticos de modo a torná-los flexíveis. O público preocupa-se com a exposição ao DEHA enquanto consome alimentos com invólucros plásticos. Existem potenciais de exposição a DEHA; contudo, os níveis de exposição são muito mais baixos do que os níveis sem efeitos tóxicos em estudos com animais. Outro caso é o das dioxinas, rotulado como "provável cancerígeno humano" pela Agência de Protecção Ambiental. O público foi induzido em erro pelas alegações de que os plásticos contêm dioxinas, enquanto Machuga afirmou que a FDA não viu quaisquer provas de que os recipientes ou películas de plástico contenham dioxinas. De um modo geral, a utilização de

embalagens plásticas na indústria alimentar não representa perigo para a saúde humana
[18].

2.3.2.3. Preocupações ambientais

A acumulação de detritos plásticos que a Terra ameaça tanto a vida selvagem como o
ambiente. Os detritos plásticos podem sufocar ou aprisionar a vida selvagem, e podem
também penetrar compostos tóxicos nos ecossistemas. Este problema de origem terrestre
tornou-se também um problema no ecossistema oceânico, uma vez que riachos e rios que
estão próximos da terra transportaram os detritos plásticos para a costa, e as correntes
transferem-nos para todo o lado no oceano. O lixo plástico é um perigo potencial para todas
as formas de vida aquática. Algumas espécies marinhas, como as tartarugas marinhas,
tomam o plástico como presa por engano. Além disso, algumas espécies podem até pegar
no plástico e alimentar os seus descendentes, o que causa enormes problemas de
crescimento e até causar mortalidade. Os compostos tóxicos nos plásticos podem perturbar
a regulação hormonal nas células dos organismos, o que pode levar à alteração do
comportamento de acasalamento dos animais, da sua capacidade reprodutiva, e até causar o
desenvolvimento de tumores. Os detritos plásticos podem ser uma grande ameaça para as
vidas no oceano [19].

Um estudo mostra que a utilização de materiais plásticos reciclados pode reduzir
significativamente os impactos ambientais como resultado da minimização da exploração,
exploração mineira e transporte de gás natural e petróleo. Uma das formas possíveis de
aumentar a taxa de reciclagem é adicionar reforço fibroso aos plásticos. O impacto
ambiental tem sido avaliado utilizando o método de avaliação do ciclo de vida. Os
resultados mostraram que os plásticos com reforço fibroso acrescentado podem reduzir
drasticamente a utilização de recursos e o aquecimento global em aplicações civis [20].

2.3.3. Uso médico

- Alguns estudos têm sugerido que o embrulho de plástico para bebés prematuros
  imediatamente após o nascimento pode ajudar a evitar temperaturas baixas antes da
  chegada à unidade de cuidados intensivos neonatais[21, 22].
- O invólucro plástico é usado como curativo de primeiros socorros para
  queimaduras[23].

2.4. Referências

[1].   Ammala, A (2011). "Uma panorâmica das poliolefinas degradáveis e
biodegradáveis".
        na Ciência dos Polímeros. 36 (8): 1015–1049. Recuperado em 21 de Setembro de
2018.
[2].   White, James Lindsay (20 de Julho de 1990). Princípios da Reologia da Engenharia
de Polímeros.

Wiley-Interscience.p. 49. ISBN9780471853626.Retrieved 2014-12-25.

[3].   US 5072493, Hommes, William J. & Keegan, Jr., John J., John J.,
"Apparatus for drawing plastic film in a tenter frame", publicado em 1991-12-17, atribuído a
E. I. du Pont de Nemours & Co.

[4].   US 5167894, Baumgarten, Wilfried W., Aparelho composto por uma extrusora e uma calandra
para produzir folhas e/ou folhas a partir de misturas de plástico ou borracha", publicado 1992-12-01,
atribuído a Paul Troester Maschinenfabrik

[5].   US 5037683, Schirmer, Henry G., "High strength laminated film for chub packaging",
publicado em 1991-08-06, atribuído a W. R. Grace & Co.

[6].   Canção (2000).
"Dupla bolha tubular lExtrução de misturas de polibutileno tereftalato de tereftalato de polietileno".
Engenharia e Ciência de Polímeros. Recuperado a 18 de Janeiro de 2022.

[7].   "Conjunto de Máquina Sopradora de Película de Cabeça Dupla". www.sh-machinery.com. Arquivado em 2012...
10-07.

[8].   Kolarik, Roman (2012). Modelação do processo de sopro do filme para fluidos não Newtonianos por
utilizando Princípios Variacionais. Zlín: Universidade Tomas Bata. pp. 8-13.

[9].   "Dow Saran Wrap 3 Plastic Film". Recuperado a 10 de Dezembro de 2016.

[10].   "FAQs": Perguntas e Respostas sobre Microondas, Lava-louça e Congelador". 20 de Novembro de 2014. Arquivado em 23
Fevereiro de 2011. Recuperado a 10 de Dezembro de 2016.

[11].   Coultate, Tom (2015-08-17). Food: The Chemistry of its Components: 6ª Edição. Real
Sociedade de Química. ISBN 9781849738804. Arquivado em 2016-04-28.

[12].   "Pliofilm | Encyclopedia.com". www.encyclopedia.com. Recuperado em 2021-01-13.

[13].   Krishnaswamy, et al. (2000).
"Propriedades de tracção dos filmes soprados de polietileno de baixa densidade linear (LLDPE)".
Engenharia e Ciência de Polímeros. 40 (11): 2385–2396.

[14].   Burke, "CEO Explains Why SC Johnson Made Saran Wrap Less Sticky, Hurting Sales".
Madison.com. Arquivado em 2017-06-20. Recuperado em 2017-06-20.

[15].   Marsh, Kenneth; Bugusu, Betty (2007). "Food Packaging-Roles, Materials, and
Questões Ambientais". Journal of Food Science". 72 (3): R39-R55.

[16].   "Snappies Cling Film advertisement".

[17].   García Ibarra, et al. (2018-06-01). "Identificação de intencional e não intencional
acrescentou substâncias em materiais de embalagem de plástico e a sua migração para produtos alimentares".
Química Analítica e Bioanalítica. 410 (16): 3789–3803.

[18].   Meadows, Michelle (2002). "Plastics and the Microwave". Consumidor da FDA. 36 (6): 30.

[19].   Marrero, Meghan E.; et al. (2011-10-01). "The Ecotoxicology of Plastic Marine Debris".
        O Professor de Biologia Americano. 73 (8): 474–478.

[20].   Rajendran, S.; et al. (Março de 2012). "Avaliação do impacto ambiental dos compósitos
        contendo plásticos reciclados". Recursos, Conservação e Reciclagem.60: 131-139.

[21].   McCall, Emma M.; et al. (Fevereiro de 2018).
        "Intervenções para Prevenir a Hipotermia ao Nascimento em Bebés Pré-termo de Baixo Peso ao Nascer". O
        Base de Dados Cochrane de Revisões Sistemáticas. 2018 (2): CD004210...

[22].   "Embalagens ou sacos de plástico mantêm os bebés pré-termo aquecidos imediatamente após o nascimento". NIHR
        Provas. 2018-05-22.

[23].   "Queimaduras e escaldaduras - Tratamento". NHS.uk. 2017-10-19. Recuperado em 2019-10-23.

Capítulo (3)

Diodo Emissor de Luz Orgânico (OLED)

Um díodo emissor de luz orgânico (OLED ou LED orgânico), também conhecido como díodo orgânico electro-luminescente (EL orgânico) [1, 2], é um díodo emissor de luz (LED) em que a camada emissiva electroluminescente é uma película de composto orgânico que emite luz em resposta a uma corrente eléctrica. Esta camada orgânica está situada entre dois eléctrodos; tipicamente, pelo menos um destes eléctrodos é transparente. Os OLEDs são utilizados para criar dispositivos de visualização digital, tais como ecrãs de televisão, monitores de computador e sistemas portáteis, tais como smartphones e consolas de jogos portáteis. Uma importante área de investigação é o desenvolvimento de dispositivos OLED brancos para utilização em aplicações de iluminação em estado sólido [3-5].

Existem duas famílias principais de OLED: as baseadas em pequenas moléculas e as que empregam polímeros. A adição de iões móveis a um OLED cria uma célula electroquímica emissora de luz (LEC) que tem um modo de funcionamento ligeiramente diferente. Um visor OLED pode ser conduzido com um esquema de controlo de matriz passiva (PMOLED) ou de matriz activa (AMOLED). No esquema PMOLED, cada linha e linha do visor é controlada sequencialmente, uma a uma [6], enquanto que o controlo AMOLED utiliza um backplane de transistor de película fina (TFT) para aceder directamente e ligar ou desligar cada pixel individual, permitindo uma maior resolução e tamanhos de visor maiores.

OLED é fundamentalmente diferente do LED que se baseia numa estrutura de díodos p-n. Nos LEDs o dopingis é utilizado para criar regiões p- e n-, alterando a condutividade do semicondutor hospedeiro. Os OLEDs não empregam uma estrutura p-n. A dopagem de OLEDs é utilizada para aumentar a eficiência radiativa através da modificação directa da taxa de recombinação óptica quantum-mecânica. A dopagem é adicionalmente utilizada para determinar o comprimento de onda da emissão de fótons [7].

Um visor OLED funciona sem retroiluminação porque emite a sua própria luz visível. Assim, pode exibir níveis de preto profundo e pode ser mais fino e mais leve do que um ecrã de cristal líquido (LCD). Em condições de luz ambiente baixa (como uma sala escura), um ecrã OLED pode conseguir um contraste mais elevado ratiotan um LCD, independentemente de o LCD utilizar lâmpadas fluorescentes de cátodo frio ou uma retroiluminação LED. Os ecrãs OLED são feitos da mesma forma que os LCDs, mas após a formação de TFT (para ecrãs de matriz activa), grelha endereçável (para ecrãs de matriz passiva) ou segmento de óxido de índio-estanho (para ecrãs de segmento), o ecrã é revestido com camadas de injecção de furo, transporte e bloqueio, bem como com material electroluminescente após as primeiras 2 camadas, após o que ITO ou metal pode ser aplicado novamente como um cátodo e mais tarde toda a pilha de materiais é encapsulada. A camada TFT, grade endereçável ou segmentos ITO servem como ou estão ligados ao ânodo, que pode ser feito de ITO ou metal [8, 9]. Os OLED podem ser tornados flexíveis e transparentes, com displays transparentes a serem utilizados em smartphones com scanners ópticos de impressões digitais e displays flexíveis a serem utilizados em smartphones dobráveis.

3.1. História

André Bernanose e colaboradores da Nancy-Universitéin France fizeram as primeiras observações de electroluminescência em materiais orgânicos no início da década de 1950. Aplicaram altas tensões alternadas no ar a materiais como o orangotango acridino, depositado ou separado em filmes de celulose ou celofanetim. O mecanismo proposto era ou a excitação directa das moléculas do corante ou a excitação dos electrões [10-13].

Em 1960, Martin Pope e alguns dos seus colegas de trabalho na Universidade de Nova Iorque desenvolveram contactos de eléctrodos de injecção de escuridão óhmica para cristais orgânicos [14-16]. Descreveram ainda os requisitos energéticos necessários (funções de trabalho) para os contactos dos eléctrodos de furo e de injecção de electrões. Estes contactos são a base da injecção de carga em todos os dispositivos OLED modernos. O grupo Pope também observou pela primeira vez electro-luminescência de corrente contínua (DC) sob vácuo num único cristal puro de antraceno e em cristais de antraceno dopados com tetraceno em 1963 [17], utilizando um pequeno eléctrodo de prata a 400 volts. O mecanismo proposto era a excitação acelerada por electrões de campo de fluorescência molecular.

O grupo do Papa relatou em 1965 [18] que na ausência de um campo eléctrico externo, a electroluminescência nos cristais de antraceno é causada pela recombinação de um electrão termizado e de um buraco, e que o nível condutor de antraceno é mais elevado em energia do que o nível de energia de excitão. Também em 1965, Wolfgang Helfrich e W. G. Schneider do National Research Councilin Canada produziram pela primeira vez uma electro-luminescência de dupla injecção de recombinação num cristal único de antraceno utilizando eléctrodos de furo e de injecção de electrões [19], o precursor dos dispositivos modernos de dupla injecção. No mesmo ano, a Dow Chemicalresearchers patenteou um método de preparação de células electroluminescentes usando alta voltagem (500-1500 V) AC-driven (100-3000 Hz) isolado electricamente uma camada milimétrica fina de um fósforo fundido constituído por pó de antraceno moído, tetraceno, e pó de grafite [20]. O mecanismo proposto envolvia excitação electrónica nos contactos entre as partículas de grafite e as moléculas de antraceno.

O primeiro Polymer LED (PLED) a ser criado foi criado por Roger Partridge no National Physical Laboratory no Reino Unido. Utilizou uma película de poli(N-vinylcarbazole) até 2,2 micro-metros de espessura localizada entre dois eléctrodos de injecção de carga. A luz gerada era facilmente visível em condições normais de iluminação, embora o polímero utilizado tivesse 2 limitações; baixa condutividade e a dificuldade de injectar electrões [21]. O desenvolvimento posterior de polímeros conjugados permitiria a outros eliminar largamente estes problemas. A sua contribuição tem sido frequentemente negligenciada devido ao segredo NPL imposto ao projecto. Quando foi patenteado em 1974 [22], foi-lhe dado um nome deliberadamente obscuro "apanhar tudo" enquanto o

Departamento da Indústria do governo tentava e não conseguia encontrar colaboradores industriais para financiar o desenvolvimento futuro [23]. Como resultado, a publicação foi adiada até 1983 [24-27].

3.1.1. OLEDs práticos

Os químicos Ching Wan Tang e Steven Van Slyke da Eastman Kodak construíram o primeiro dispositivo OLED prático em 1987 [28]. Este dispositivo utilizou uma estrutura de duas camadas com transporte por orifício separado e camadas de transporte de electrões de tal forma que a recombinação e a emissão de luz ocorreram no meio da camada orgânica; isto resultou numa redução da tensão de funcionamento e em melhorias na eficiência.

A investigação sobre electroluminescência de polímeros culminou em 1990, com J. H. Burroughes et al. no Laboratório Cavendish da Universidade de Cambridge, Reino Unido, reportando um dispositivo de alta eficiência à base de polímeros emissores de luz verde, utilizando películas de 100 nm de espessura de poli(p-fenileno vinileno) [29]. A passagem de materiais moleculares para macromoleculares resolveu os problemas anteriormente encontrados com a estabilidade a longo prazo dos filmes orgânicos e permitiu a realização fácil de filmes de alta qualidade [30]. A investigação subsequente desenvolveu polímeros multicamadas e o novo campo da electrónica plástica e a investigação e produção de dispositivos OLED cresceu rapidamente [31]. O OLED branco, pioneiro por J. Kido et al. na Universidade de Yamagata, Japão, em 1995, conseguiu a comercialização de ecrãs e iluminação OLED retroiluminados [32, 33].

Em 1999, a Kodak e a Sanyohad celebraram uma parceria para investigar, desenvolver e produzir em conjunto expositores OLED. Anunciaram o primeiro expositor OLED de 2,4 polegadas de matriz activa e a cores do mundo em Setembro do mesmo ano [34]. Em Setembro de 2002, apresentaram um protótipo de ecrã de 15 polegadas em formato HDTV baseado em OLED branco com filtros a cores no CEATEC Japão [35].

O fabrico de pequenas moléculas OLED foi iniciado em 1997 pela Pioneer Corporation, seguida pela TDK em 2001 e pela Samsung-NECMobile Display (SNMD), que mais tarde se tornou um dos maiores fabricantes mundiais de expositores OLED - Samsung Display, em 2002 [36].

O Sony XEL-1, lançado em 2007, foi o primeiro televisor OLED [37]. A Universal Display Corporation, uma das empresas de materiais OLED, detém uma série de patentes relativas à comercialização de OLED que são utilizadas pelos principais fabricantes OLED em todo o mundo [38, 39].

A 5 de Dezembro de 2017, JOLED, o sucessor das unidades de negócios OLED imprimíveis da Sony e Panasonic, iniciou o primeiro envio comercial mundial de painéis OLED impressos a jacto de tinta [40, 41].

3.2. Princípio de funcionamento

Um OLED típico é composto por uma camada de materiais orgânicos situada entre dois eléctrodos, o ânodo e o cátodo, todos depositados sobre um substrato. As moléculas orgânicas são electricamente condutoras como resultado da deslocalização de eléctrodos de píons causada pela conjugação de parte ou da totalidade da molécula. Estes materiais têm níveis de condutividade que vão desde isoladores a condutores, e são portanto considerados semicondutores orgânicos. Os orbitais moleculares não oculares (HOMO e LUMO) de semicondutores orgânicos mais ocupados e mais baixos são análogos à valência e às bandas de condução de semicondutores inorgânicos [42].

Originalmente, os OLEDs de polímero mais básicos consistiam numa única camada orgânica. Um exemplo foi o primeiro dispositivo emissor de luz sintetizado por J. H. Burroughes et al., que envolvia uma única camada de poli (p-fenileno vinileno). No entanto, os OLEDs de várias camadas podem ser fabricados com duas ou mais camadas, a fim de melhorar a eficiência do dispositivo. Para além das propriedades condutoras, podem ser escolhidos diferentes materiais para auxiliar a injecção de carga nos eléctrodos, fornecendo um perfil electrónico mais gradual [43], ou bloquear uma carga de atingir o eléctrodo oposto e ser desperdiçada [44]. Muitos OLEDs modernos incorporam uma estrutura simples de bocal, constituída por uma camada condutora e uma camada emissiva. Os desenvolvimentos na arquitectura OLED em 2011 melhoraram a eficiência quântica (até 19%) utilizando uma heterojunção graduada [45]. Na arquitectura de heterojunção graduada, a composição dos materiais de furo e de transporte de electrões varia continuamente dentro da camada emissiva com um emissor de dopante. A arquitectura de heterojunção graduada combina os benefícios de ambas as arquitecturas convencionais, melhorando a injecção de carga e equilibrando simultaneamente o transporte de carga dentro da região emissiva [46].

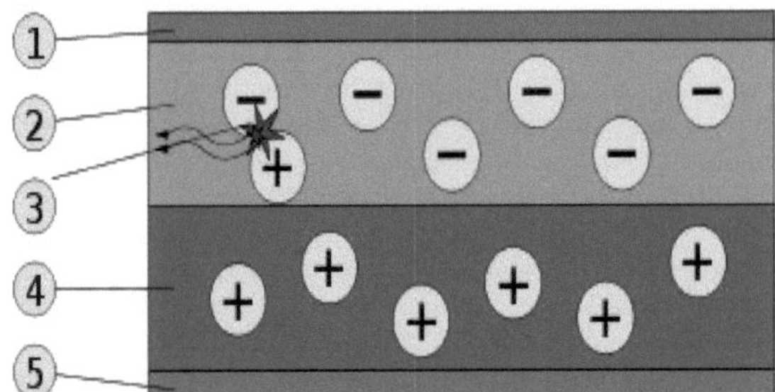

Esquema de um bico OLED: 1. catódico (-), 2. camada Emissiva, 3. Emissão de radiação, 4.camada condutora, 5. ânodo (+)

Durante o funcionamento, é aplicada uma voltagem através do OLED de modo a que o ânodo seja positivo em relação ao cátodo. Os ânodos são escolhidos com base na qualidade da sua transparência óptica, condutividade eléctrica, e estabilidade química [47]. Uma corrente de fluxos de electrões através do dispositivo de cátodo para ânodo, à medida que os electrões são injectados no LUMO da camada orgânica no cátodo e retirados do HOMO no ânodo. Este último processo também pode ser descrito como a injecção de furos de electrões no HOMO. Forças electrostáticas trazem os electrões e os furos uns para os outros e recombinam formando um excitão, um estado ligado do electrão e um furo. Isto acontece mais próximo da camada de transporte de electrões, parte da camada emissiva, porque nos semicondutores orgânicos os orifícios são geralmente mais móveis do que os electrões. A decomposição deste estado excitado resulta num relaxamento dos níveis de energia do electrão, acompanhado pela emissão de radiação cuja frequência se encontra na região visível. A frequência desta radiação depende do intervalo de banda do material, neste caso a diferença de energia entre o HOMO e o LUMO.

Como os electrões e os furos são fermiões com centrifugação de meio inteiro, um excitão pode estar num estado singlet ou num estado triplet, dependendo de como as centrifugações do electrão e do furo foram combinadas. Estatisticamente serão formados três excitões trigémeos para cada excitão trigémeo. A decomposição dos estados trigémeos (fosforescência) é proibida, aumentando o tempo de transição e limitando a eficiência interna dos dispositivos fluorescentes. Os díodos emissores de luz orgânicos fosforescentes fazem uso de interacções spin-orbit para facilitar o cruzamento entre os estados singlet e triplet, obtendo assim a emissão tanto dos estados singlet como triplet e melhorando a eficiência interna.

O óxido de estanho índio (ITO) é normalmente utilizado como material anódico. É transparente à luz visível e tem uma alta função de trabalho que promove a injecção de furos no nível HOMO da camada orgânica. Uma segunda camada condutora (injecção) é tipicamente adicionada, que pode consistir em PEDOT:PSS [48], uma vez que o nível HOMO deste material encontra-se geralmente entre a função de trabalho ITO e o HOMO de outros polímeros comummente utilizados, reduzindo as barreiras energéticas para a injecção de furos. Metais como o bário e o cálcio são frequentemente utilizados para o cátodo, uma vez que têm funções de trabalho baixas que promovem a injecção de electrões no LUMO da camada orgânica [49]. Tais metais são reactivos, pelo que necessitam de uma camada de cobertura de alumínio para evitar a sua degradação. Dois benefícios secundários da camada de cobertura de alumínio incluem a robustez dos contactos eléctricos e o reflexo posterior da luz emitida para a camada transparente ITO.

A investigação experimental provou que as propriedades do ânodo, especificamente a topografia de interface ânodo/ camada de transporte de furos (HTL) desempenha um papel importante na eficiência, desempenho e duração dos díodos emissores de luz orgânica. Imperfeições na superfície do ânodo diminuem a adesão da interface anódico-filme orgânico, aumentam a resistência eléctrica, e permitem a formação mais frequente de pontos escuros não emissivos no material OLED, afectando negativamente a vida útil.

Os mecanismos para diminuir a rugosidade do ânodo para substratos ITO/vidro incluem a utilização de películas finas e monocamadas auto-montadas. Além disso, substratos e materiais anódicos alternativos estão a ser consi-dered para aumentar o desempenho e a vida útil do OLED. Possíveis exemplos incluem substratos de safira de cristal único tratados com ânodos de filme de ouro (Au) que produzem funções de trabalho mais baixas, tensões de funcionamento, valores de resistência eléctrica, e aumento da vida útil dos OLED [50].

Os dispositivos de transporte único são tipicamente utilizados para estudar os mecanismos cinéticos e de transporte de carga de um material orgânico e podem ser úteis quando se tenta estudar os processos de transferência de energia. Como a corrente através do dispositivo é composta por apenas um tipo de portador de carga, sejam electrões ou furos, não ocorre recombinação e não é emitida qualquer luz. Por exemplo, os dispositivos apenas com electrões podem ser obtidos através da substituição da ITO por um metal com função de trabalho inferior, o que aumenta a barreira energética da injecção de furos. Da mesma forma, os dispositivos de furo apenas podem ser feitos utilizando um cátodo feito exclusivamente de alumínio, resultando numa barreira energética demasiado grande para uma eficiente injecção de electrões [51-53].

3.3. Balanço do portador

A injecção e transferência equilibradas da carga são necessárias para obter uma elevada eficiência interna, emissão pura da camada de luminância sem emissão contaminada das camadas de transporte da carga, e uma estabilidade elevada. Uma forma comum de equilibrar a carga é optimizar a espessura das camadas de transporte de carga, mas é difícil de controlar. Outra forma é utilizar o exciplex. O exciplex formado entre as cadeias laterais de transporte de furos (tipo p) e de transporte de electrões (tipo n) para localizar pares de furos de electrões. A energia é então transferida para o luminóforo e proporciona alta eficiência. Um exemplo de utilização de exciplex é o enxerto de oxadiazole e unidades laterais de carbazol em cadeia principal de copolímero dopado com diqueto-pirrolopirrolopirrol vermelho mostra uma eficiência quântica externa melhorada e pureza de cor em nenhum OLED optimizado [54].

3.4. Tecnologias materiais
3.4.1. Pequenas Moléculas

Alq3[28], normalmente utilizado em OLEDs de pequenas moléculas

Os materiais **orgânicos** de **pequenas moléculas** electroluminescentes têm as vantagens de uma grande variedade, fáceis de purificar, e fortes modificações químicas. Para que os materiais luminescentes emitam luz conforme necessário, alguns cromóforos ou grupos insaturados, tais como ligações alcalinas e anéis de benzeno, serão normalmente introduzidos no desenho da estrutura molecular para alterar o tamanho da gama de conjugação do material, de modo a que as propriedades fotofísicas do material mudem. Em geral, quanto maior for a gama do sistema de conjugação π-electron, maior será o comprimento de onda da luz emitida pelo material. Por exemplo, com o aumento do número de anéis de benzeno, o pico de emissão de fluorescência de benzeno, naftaleno, antraceno [55], e butil gra-dually red-shifted de 283 nm para 480 nm. Os materiais orgânicos comuns de pequenas moléculas electro-luminescentes incluem complexos de alumínio, antracenos, derivados bifenil acetileno aryl, derivados cou-marin [56], e vários fluorocromos. OLEDs eficientes usando pequenas moléculas foram inicialmente desenvolvidos por Ching W. Tang et al [57], na Eastman Kodak. O termo OLED refere-se tradicionalmente especificamente a este tipo de dispositivo, embora o termo SM-OLED esteja também em uso [58].

As moléculas normalmente utilizadas nos OLEDs incluem quelatos organometálicos (por exemplo Alq3, utilizado no dispositivo emissor de luz orgânica relatado por Tang et al.), corantes fluorescentes e fosforescentes e dendrimers conjugados. Vários materiais são utilizados para as suas propulsores de transporte de carga, por exemplo, a trifenilamina e os derivados são normalmente utilizados como materiais para camadas de transporte de furos\[59]. Os corantes fluorescentes podem ser escolhidos para obter emissão de luz em diferentes comprimentos de onda, e compostos como perileno, rubreno e derivados de quinacridona são frequentemente utilizados [60]. Alq3 tem sido utilizado como emissor verde, material de transporte de electrões e como hospedeiro de corantes emissores de amarelo e vermelho.

Devido à flexibilidade estrutural dos materiais electroluminescentes de pequenas moléculas, as películas finas podem ser preparadas por deposição de vapor a vácuo, o que é mais caro e de utilização limitada para dispositivos de grandes áreas. O sistema de revestimento a vácuo, contudo, pode fazer todo o processo desde o crescimento da película até à preparação de dispositivos OLED num ambiente operacional controlado e completo, ajudando a obter películas uniformes e estáveis, assegurando assim a fabricação final de dispositivos OLED de alto desempenho. Contudo, as pequenas moléculas de corantes orgânicos são propensas a têmpera por fluorescência [61] no estado sólido, resultando numa menor eficiência de luminescência. Os dispositivos OLED dopados são também propensos à cristalização, o que reduz a luminescência e a eficiência dos dispositivos. Portanto, o desenvolvimento de dispositivos baseados em materiais electroluminescentes de pequena molécula é limitado pelos elevados custos de fabrico, estabilidade deficiente, vida curta, e outras deficiências. Foi demonstrada a emissão coerente de um dispositivo SM-OLED tandem tingido a laser, excitado no regime pulsado [62]. A emissão é quase limitada por difracção com uma largura espectral semelhante à dos lasers de corantes de banda larga [63].

Os investigadores relatam luminescência de uma única molécula de polímero, representando o menor dispositivo de díodo emissor de luz orgânico (OLED) possível [64]. Os cientistas serão capazes de optimizar as substâncias para produzir emissões de luz mais potentes. Finalmente, este trabalho é um primeiro passo para a fabricação de componentes do tamanho de moléculas que combinam propriedades electrónicas e ópticas. Componentes semelhantes poderiam formar a base de um computador molecular [65].

3.4.2. Díodos emissores de luz de polímero

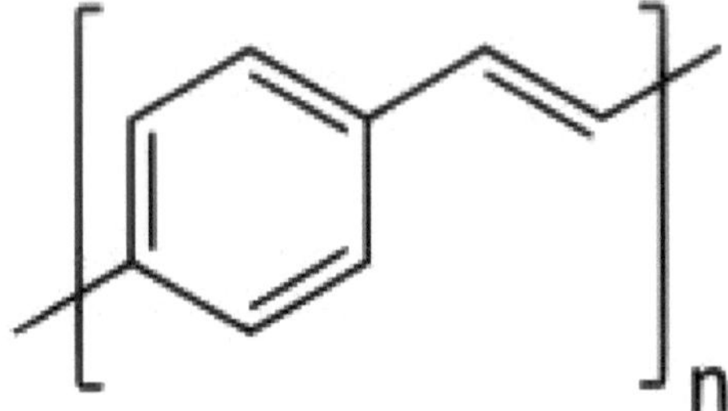

Poli(p-fenileno vinileno), utilizado no primeiro PLED [29].

Os díodos emissores de luz polímeros (PLED, P-OLED), também polímeros emissores de luz (LEP), envolvem um polímero condutor de electroluminescência que emite luz quando ligado a uma tensão externa. São utilizados como uma película fina para ecrãs a cores de espectro total. Os polímeros OLED são bastante eficientes e requerem uma quantidade relativamente pequena de energia para a quantidade de luz produzida.

A deposição a vácuo não é um método adequado para a formação de películas finas de polímeros. Se as películas poliméricas OLED forem feitas por deposição de vapor a vácuo, os elementos da cadeia serão cortados e as propriedades fotofísicas originais serão comprometidas. No entanto, os polímeros podem ser processados em solução, e o revestimento por spin é um método comum de depositar películas finas de polímeros. Este método é mais adequado à formação de películas de grande superfície do que a evaporação térmica. Não é necessário vácuo, e os materiais emissivos também podem ser aplicados no substrato por uma técnica derivada da impressão comercial por jacto de tinta [66, 67]. Contudo, como a aplicação de camadas subsequentes tende a dissolver as já presentes, a formação de estruturas multicamadas é difícil com estes métodos. O cátodo metálico pode ainda precisar de ser depositado por evaporação térmica no vácuo. Um método alternativo à deposição a vácuo é depositar uma película Langmuir-Blodgett.

Os polímeros típicos utilizados em ecrãs PLED incluem derivados de poli (p-fenileno vinileno) e polifluoreno. A substituição de cadeias laterais sobre a espinha dorsal do polímero pode determinar a cor da luz emitida [68] ou a estabilidade e solubilidade do polímero para desempenho e facilidade de processamento [69]. Enquanto o poli(p-fenileno vinileno) (PPV) não-substituído é tipicamente insolúvel, um número de PPV e poli(naftaleno vinileno)s (PNV) relacionados que são solúveis em solventes orgânicos ou água foram preparados através de polimerização por metatese de abertura de anel [70-72]. Estes polímeros solúveis em água ou politrólitos conjugados (CPEs) também podem ser utilizados como camadas de injecção de furos, isoladamente ou em combinação com nanopartículas como o grafeno [73].

3.4.3. Materiais Fosforescentes

Ir(mppy)3, um dopante fosforescente que emite luz verde [74].

Os díodos emissores de luz orgânicos fosforescentes utilizam o princípio da electroforese para converter energia eléctrica num OLED em luz de uma forma altamente eficiente [75, 76] com as eficiências quânticas internas de tais dispositivos a aproximarem-se dos 100% [77].

Tipicamente, um polímero como o poli(N-vinylcarbazole) é utilizado como material hospedeiro ao qual um complexo organometálico é adicionado como um dopante. Os complexos de irídio [76] como o Ir(mppy)3 [74] a partir de 2004 foram um foco de investigação, embora também tenham sido utilizados complexos baseados noutros metais pesados, como a platina [75].

O átomo de metal pesado no centro destes complexos exibe um forte acoplamento spin-orbit, facilitando a travessia intersistemas entre singlet e tripletstates. Ao utilizar estes materiais fosforescentes, tanto os excitões singlet como triplet serão capazes de se decompor radicalmente, melhorando assim a eficiência quântica interna do dispositivo em comparação com um OLED padrão onde apenas os estados singlet contribuirão para a emissão de luz.

Aplicações de OLEDs em iluminação de estado sólido requerem a obtenção de alto brilho com boas coordenadas CIE (para emissão branca). A utilização de espécies macromoleculares como os silsesquioxanos oligoméricos poliédricos (POSS) em conjunto com a utilização de espécies fosforescentes como o Ir para OLEDs impressos exibiram luminosidades tão elevadas como 10.000 cd/m2 [78].

3.5. Arquitecturas de dispositivos
3.5.1. Estrutura
3.5.1.1. Emissões de fundo

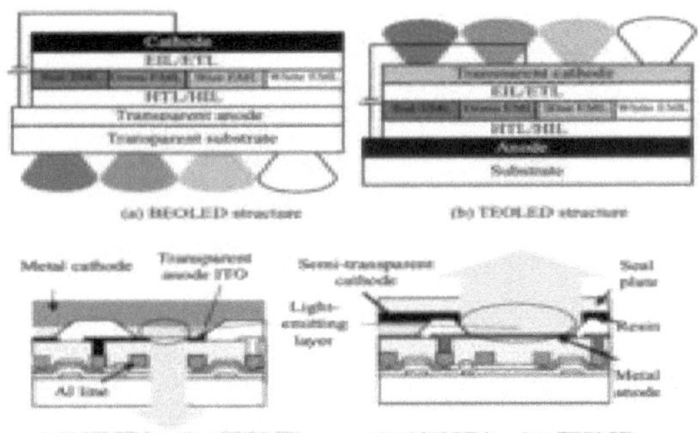

a) estruturas OLED de emissão inferior e b) estruturas OLED de emissão superior; c,d) diagramas esquemáticos baseados em OLED de emissão inferior e OLED de emissão superior com baixo e alto rácio de contraste, respectivamente.

O díodo emissor de luz orgânica de emissão de luz (BE-OLED) é a arquitectura que foi utilizada na fase inicial das exposições AMOLED. Tinha um ânodo transparente fabricado sobre um substrato de vidro, e um cátodo reflector brilhante. A luz é emitida a partir da direcção do ânodo transparente. Para reflectir toda a luz na direcção do ânodo, é utilizado um cátodo metálico relativamente espesso, como o alumínio. Para o ânodo, o óxido de estanho de índio de alta transparência (ITO) foi uma escolha típica para emitir tanta luz quanto possível [79]. Os filmes orgânicos finos, incluindo a camada emissiva que efectivamente gera a luz, são então ensanduichados entre o ânodo ITO e o cátodo metálico reflector. A desvantagem da estrutura de emissão inferior é que a luz tem de percorrer os circuitos de transmissão de pixels, tais como o substrato do transistor de película fina (TFT), e a área da qual a luz pode ser extraída é limitada e a eficiência da emissão de luz é reduzida.

3.5.1.2. Emissões de topo

Uma configuração alternativa consiste em mudar o modo de emissão. Um ânodo reflector, e um cátodo transparente (ou mais frequentemente semi-transparente) são utilizados para que a luz emita do lado do cátodo, e esta configuração é chamada OLED (TE-OLED) de emissão de topo. Ao contrário dos BEOLEDs em que o ânodo é feito de ITO condutor transparente, desta vez o cátodo precisa de ser transparente, e o material ITO não é uma escolha ideal para o cátodo devido a um problema de danos devido ao processo de cuspir [80]. Assim, uma película metálica fina como o Ag puro e a liga Mg:Ag são utilizados para o cátodo semi-transparente devido à sua elevada transmitância e condutividade [81]. Em contraste com a emissão inferior, a luz é extraída do lado oposto na emissão superior sem a necessidade de passar por múltiplas camadas de circuito de transmissão. Assim, a luz gerada pode ser extraída de forma mais eficiente.

3.5.2. Melhoramentos
3.5.2.1. Teoria da Micro-cavidade
3.5.2.2.

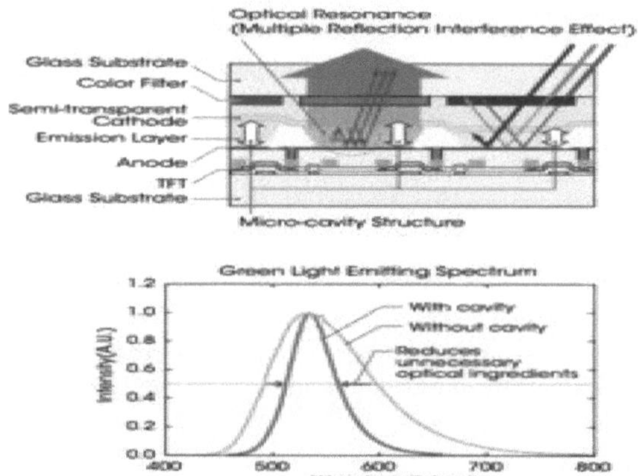

**A tecnologia OLED Super Top Emission da Sony melhora
a pureza de cor das luzes emitidas**

Quando ondas leves se encontram enquanto viajam pelo mesmo meio, ocorre interferência de ondas. Esta interferência pode ser construtiva ou destrutiva. É por vezes desejável que várias ondas da mesma frequência se resumam a uma onda com amplitudes mais elevadas.

Como ambos os eléctrodos são reflectores em TEOLED, podem ocorrer reflexões de luz dentro do diodo, e causam interferências mais complexas do que as dos BEOLEDs. Para além da interferência de dois feixes, existe uma interferência de multi-resonância entre dois eléctrodos. Uma vez que a estrutura de TEOLEDs é semelhante à do ressonador Fabry-Perot ou do ressonador laser, que contém dois espelhos paralelos comparáveis aos dois eléctrodos reflectores) [82], este efeito é especialmente forte em TEOLED. Esta interferência de dois feixes e as interferências Fabry-Perot são os principais factores na determinação da intensidade espectral de saída do OLED. Este efeito óptico é chamado de "efeito microcavitário".

No caso do OLED, isso significa que a cavidade de um TEOLED poderia ser especialmente concebida para aumentar a intensidade da luz e a pureza da cor com uma faixa estreita de comprimentos de onda, sem consumir mais energia. Em TEOLEDs, o efeito da microcavidade ocorre normalmente, e quando e como restringir ou fazer uso deste efeito é indispensável para a concepção do dispositivo. Para corresponder às condições de interferência construtiva, são aplicadas diferentes espessuras de camada, de acordo com o comprimento de onda de ressonância dessa cor específica. As condições de espessura são cuidadosamente concebidas e projectadas de acordo com os comprimentos de onda de pico de emissão de ressonância do azul (460 nm), verde (530 nm), e vermelho (610 nm) LEDs de cor. Esta tecnologia melhora muito a eficiência de emissão de luz dos OLED, e são capazes de alcançar uma gama de cor mais ampla devido à elevada pureza de cor.

3.5.2.3. Filtros de cor

No método "branco + filtro de cor", as emissões de vermelho, verde e azul são obtidas a partir dos mesmos LEDs de luz branca usando filtros de cor diferentes [83]. Com este método, os materiais OLED produzem luz branca que é depois filtrada para obter as cores RGB desejadas. Este método eliminou a necessidade de depositar três materiais orgânicos emissivos diferentes, pelo que apenas um tipo de material OLED é utilizado para produzir luz branca. Também eliminou a taxa de degradação desigual dos pixels azuis em relação aos pixels vermelhos e verdes. As desvantagens deste método são a baixa pureza de cor e o contraste. Além disso, os filtros absorvem a maior parte das ondas de luz emitidas, exigindo que a luz branca de fundo seja relativamente forte para compensar a queda de brilho, e assim o consumo de energia para tais mostradores pode ser maior.

Os filtros de cor também podem ser implementados em OLEDs de emissão inferior e superior. Adicionando os correspondentes filtros de cor RGB após o cátodo semi-transparente, é possível obter comprimentos de onda de luz ainda mais puros. A utilização de uma microcavidade nos OLED de emissão superior com filtros de cor contribui também para um aumento da relação de contraste ao reduzir a reflexão da luz ambiente incidente [84]. Num painel convencional, foi instalado um polarizador circular na superfície do painel. Embora isto tenha sido fornecido para evitar a reflexão da luz ambiente, também reduziu a emissão de luz. Ao substituir esta camada polarizadora por filtros de cor, a intensidade da luz não é afectada, e essencialmente toda a luz reflectida ambiente pode ser cortada, permitindo um melhor contraste no painel de visualização. Isto reduziu potencialmente a necessidade de pixels mais brilhantes, e pode reduzir o consumo de energia.

3.5.3. Outras Arquitecturas
3.5.3.1. OLEDs transparentes

Os OLED transparentes utilizam contactos transparentes ou semi-transparentes em ambos os lados do dispositivo para criar ecrãs que podem ser feitos para serem emitidos tanto em cima como em baixo (transparentes). Os OLEDs podem melhorar muito o contraste, tornando muito mais fácil a visualização de ecrãs sob luz solar brilhante [85]. Esta tecnologia pode ser utilizada em visores Head-up, janelas inteligentes ou aplicações de realidade aumentada.

3.5.3.2. Heterojunção Graduada

Os OLEDs de heterojunção graduada diminuem gradualmente a proporção de furos de electrões para produtos químicos transportadores de electrões [45]. Isto resulta em quase o dobro da eficiência quântica dos OLEDs existentes.

3.5.3.3. OLEDs empilhados

Os OLED empilhados usam uma arquitectura de píxeis que empilha os subpíxeis vermelho, verde e azul uns sobre os outros em vez de uns ao lado dos outros, levando a um aumento substancial da gama e profundidade de cor [86], e reduzindo grandemente a diferença de píxeis. Outras tecnologias de visualização com pixéis RGB (e RGBW) mapeados uns ao lado dos outros, tendem a diminuir a resolução potencial.

3.5.3.4. OLED Invertido

Em contraste com um OLED convencional, no qual o ânodo é colocado no substrato, um OLED invertido utiliza um cátodo inferior que pode ser ligado à extremidade de drenagem de um TFT de n canais, especialmente para o backplane TFT de silício amorfo de baixo custo útil no fabrico de ecrãs AMOLED [87].

Todos os visores OLED (matriz passiva e activa) utilizam um CI condutor, frequentemente montado usando Chip-on-glass (COG), usando uma película condutora anisotrópica [88].

3.6.   Tecnologias de Patterização de Cores
3.6.1. Método Shadow Mask Patterning

O método mais comummente utilizado para os ecrãs emissores de luz orgânica é a máscara de sombra durante a deposição do filme [89], também chamado método "RGB side-by-side" ou método "RGB pixe-lation". Folhas metálicas com múltiplas aberturas feitas de material de baixa expansão térmica, tais como liga de níquel, são colocadas entre a fonte de evaporação aquecida e o substrato, de modo que o material orgânico ou inorgânico da fonte de evaporação seja depositado apenas até ao local desejado no substrato. Quase todos os pequenos ecrãs OLED para smartphones foram fabricados com este método. São utilizadas neste processo máscaras metálicas finas (FMMs) feitas por maquinagem fotoquímica, reminiscências de antigas máscaras de sombra CRT. A densidade de pontos da máscara determinará a densidade de píxeis do visor acabado [90]. As Máscaras Híbridas Finas (FHMs) são mais leves do que as FFMs, reduzindo a flexão causada pelo próprio peso da máscara, e são feitas utilizando um processo de electrodeposição [91, 92]. Este método requer o aquecimento dos materiais electroluminescentes a 300 °C, utilizando um método térmico em alto vácuo de 10-5 Pa. Um medidor de oxigénio assegura que nenhum oxigénio entra na câmara, pois pode danificar (através da oxidação) o material electroluminescente, que se encontra na forma de pó. A máscara é alinhada com o substrato principal antes de cada utilização, e é colocada imediatamente abaixo do substrato. O conjunto do substrato e da máscara é colocado no topo da câmara de deposição [93]. Posteriormente, a camada do eléctrodo é depositada, sujeitando prata e pó de alumínio a 1000 °C, utilizando um feixe de electrões [94]. As máscaras de sombra permitem densidades elevadas de pixels até 2.250 DPI (890 pontos/cm). Altas densidades de píxeis são necessárias para fones de ouvido de realidade virtual [95].

3.6.2. Método do filtro de cor branca

Embora o método de padrões de sombra-máscara seja uma tecnologia madura utilizada desde o primeiro fabrico de OLED, causa muitos problemas como a formação de manchas escuras devido ao contacto ou desalinhamento do padrão da máscara devido à deformação da máscara de sombra. Esta forma de defeito - uma acção pode ser considerada trivial quando o tamanho do visor é pequeno, mas causa sérios problemas quando se fabrica um visor grande, o que traz uma perda significativa do rendimento da produção. Para contornar tais problemas, foram utilizados dispositivos de emissão brancos com filtros de cor de 4 sub-pixels (branco, vermelho, verde e azul) para grandes televisões. Apesar da absorção de luz pelo filtro de cor, os televisores OLED de última geração podem reproduzir muito bem as cores, tais como 100% NTSC, e consomem pouca energia ao mesmo tempo. Isto é feito através da utilização de um espectro de emissão com elevada sensibilidade ao olho humano, filtros de cor especiais com uma sobreposição de espectro baixa, e sintonia do desempenho com estatísticas de cor em consideração [96]. Esta abordagem é também chamada o método "Cor por branco".

3.6.3. Outras Abordagens de Patterização de Cores

Existem outros tipos de tecnologias de padrões emergentes para aumentar a manufacturabilidade dos OLEDs. Os dispositivos emissores de luz orgânicos patenteáveis utilizam uma camada electroactiva activada por luz ou calor. Um material latente (PEDOT-TMA) está incluído nesta camada que, após activação, torna-se altamente eficiente como camada de injecção de furos. Usando este processo, podem ser preparados dispositivos emissores de luz com padrões arbitrários [97].

A coloração pode ser realizada por meio de um laser, tal como uma transferência de sublimação induzida por radiação (RIST) [98].

A impressão por jacto de vapor orgânico (OVJP) utiliza um gás de transporte inerte, como o argónio ou o azoto, para transportar moléculas orgânicas evaporadas (como na deposição em fase de vapor orgânico). O gás é expelido através de um bocal do tamanho de micrómetro ou matriz de bocal perto do substrato, à medida que é traduzido. Isto permite a impressão de padrões arbitrários de multicamadas sem o uso de solventes.

Tal como a deposição de material de jacto de tinta, a gravação a jacto de tinta (IJE) deposita quantidades precisas de solvente num substrato concebido para dissolver selectivamente o material do substrato e induzir uma estrutura ou padrão. A gravação a jacto de tinta de camadas de polímero em OLED pode ser utilizada para aumentar a eficiência global do desacoplamento. Nos OLED, a luz produzida a partir das camadas emissivas do OLED é parcialmente transmitida para fora do dispositivo e parcialmente retida no interior do dispositivo por reflexão interna total (TIR). Esta luz retida é guiada por ondas ao longo do interior do dispositivo até atingir uma borda onde é dissipada por absorção ou por emissão. A gravação a jacto de tinta pode ser utilizada para alterar selectivamente as camadas poliméricas das estruturas OLED para diminuir o TIR global e aumentar a eficiência de desacoplamento do OLED. Em comparação com uma camada de polímero não gravada, a camada de polímero estruturada na estrutura OLED do processo IJE ajuda a diminuir o TIR do dispositivo OLED. Os solventes IJE são normalmente orgânicos em vez de baseados em água devido à sua natureza não ácida e capacidade de dissolver eficazmente os materiais a temperaturas abaixo do ponto de ebulição da água [99].

A transferência-impressão é uma tecnologia emergente para a montagem eficiente de grandes números de dispositivos paralelos OLED e AMOLED. Tira partido da deposição de metal padrão, fotolitografia e gravura para criar marcas de alinhamento comummente em vidro ou outros substratos de dispositivos. As camadas adesivas finas de polimero são aplicadas para aumentar a resistência a partículas e defeitos superficiais. As micro-camadas são impressas por transferência sobre a superfície adesiva e depois cozidas para curar completamente as camadas adesivas. Uma camada adicional de polímero fotossensível é aplicada ao substrato para ter em conta a topografia causada pelos CI impressos, reintroduzindo uma superfície plana. A fotolitografia e a gravura removem algumas camadas de polímero para revelar as pastilhas condutoras nos CI. Posteriormente, a camada anódica é aplicada no plano posterior do dispositivo para formar o eléctrodo inferior. As camadas OLED são aplicadas à camada anódica com deposição convencional de vapor, e cobertas com uma camada condutora de eléctrodo metálico. A partir de 2011 a impressão por transferência era capaz de imprimir em substratos alvo até 500 mm × 400 mm. Este limite de tamanho precisa de se expandir para que a impressão por transferência se torne um processo comum para o fabrico de grandes visores OLED/AMOLED [100].

Foram demonstradas exposições OLED experimentais utilizando técnicas fotolitográficas convencionais em vez de FMMs, permitindo grandes tamanhos de substrato (uma vez que elimina a necessidade de uma máscara que precisa de ser tão grande como o substrato) e um bom controlo de rendimento [101].

3.7. Transistor de filme fino Backplanes

Para uma visualização de alta resolução como uma televisão, é necessário um transistor de película fina (TFT) para conduzir correctamente os pixels. A partir de 2019, o silício policristalino de baixa temperatura (LTPS) - TFT é amplamente utilizado para ecrãs comerciais AMOLED. O LTPS-TFT tem variações de desempenho num ecrã, pelo que foram relatados vários circuitos de compensação [102]. Devido à limitação do tamanho do laser excimer utilizado para o LTPS, o tamanho da AMOLED foi limitado. Para fazer face ao obstáculo relacionado com o tamanho do painel, foram relatados retroplanos amorfos-silício/microcristalino com grandes demonstrações de protótipos de visualização [103]. Também pode ser utilizado um contraplano de óxido de zinco de gálio índio (IGZO).

3.8. Vantagens

Os diferentes processos de fabrico dos OLEDs têm várias vantagens sobre os ecrãs de ecrã plano feitos com tecnologia LCD.

Custos mais baixos no futuro: Os OLED podem ser impressos em qualquer substrato adequado por uma impressora a jacto de tinta ou mesmo por serigrafia [104], tornando-os teoricamente mais baratos de produzir do que os ecrãs LCD ou plasma. Contudo, o fabrico do substrato OLED a partir de 2018 é mais dispendioso do que o dos LCD TFT [105]. Os métodos de posicionamento de vapor rolo a rolo para dispositivos orgânicos permitem a produção em massa de milhares de dispositivos por minuto por um custo mínimo; contudo, esta técnica também induz problemas: dispositivos com múltiplas camadas podem ser difíceis de fazer devido ao registo - alinhando as diferentes camadas impressas com o grau de precisão necessário.

Substratos plásticos leves e flexíveis: Os expositores OLED podem ser fabricados em substratos de plástico flexível, levando ao possível fabrico de díodos emissores de luz orgânicos flexíveis para outras novas aplicações, tais como expositores roll-up incorporados em tecidos ou vestuário. Se um substrato como o tereftalato de polietileno (PET) [106] puder ser utilizado, os ecrãs podem ser produzidos de forma barata. Além disso, os substratos plásticos são resistentes aos estilhaços, ao contrário dos ecrãs de vidro utilizados nos dispositivos LCD.

Melhor qualidade de imagem: Os OLED permitem uma maior relação de contraste e um ângulo de visão mais amplo em comparação com os LCD, porque os OLED pixéis emitem luz directamente. Isto também proporciona um nível de preto mais profundo, uma vez que um visor OLED preto não emite luz. Além disso, as cores dos pixéis OLED parecem correctas e não deslocadas, mesmo quando o ângulo de visão se aproxima dos 90 do normal.

Melhor eficiência energética e espessura: Os LCDs filtram a luz emitida por uma luz de fundo, permitindo a passagem de uma pequena fracção de luz. Assim, não podem mostrar o preto verdadeiro. No entanto, um elemento OLED inactivo não produz luz nem consome energia, permitindo a passagem de negros verdadeiros [107]. A remoção da retroiluminação também torna os OLEDs mais leves, porque alguns substratos não são necessários. Quando se olha para OLEDs emissores de topo, a espessura também desempenha um papel quando se fala de camadas de correspondência indexadas (IMLs). A intensidade das emissões é aumentada quando a espessura IML é de 1,3-2,5 nm. O valor de refracção e a correspondência da propriedade dos IMLs ópticos, incluindo os parâmetros da estrutura do dispositivo, também aumentam a intensidade de emissão a estas espessuras [108].

Tempo de resposta: Os OLED também têm um tempo de resposta muito mais rápido do que um LCD. Utilizando tecnologias de compensação do tempo de resposta, os LCD modernos mais rápidos podem atingir tempos de resposta tão baixos como 1 msf pela sua transição de cor mais rápida, e são capazes de refrescar frequências tão altas como 240 Hz. Segundo LG, os tempos de resposta OLED são até 1.000 vezes mais rápidos do que o LCD [109], colocando estimativas conservadoras em menos de 10 µs (0,01 ms), o que teoricamente poderia acomodar frequências de refrescamento próximas dos 100 kHz (100.000 Hz). Devido ao seu tempo de resposta extremamente rápido, os visores OLED também podem ser facilmente concebidos para serem estropiados, criando um efeito semelhante à cintilação de CRT, a fim de evitar o comportamento de amostra e retenção visto tanto nos LCDs como em alguns visores OLED, o que cria a percepção de desfocagem do movimento [110].

3.9. Desvantagens

Visor de polímero emissor de luz (LEP) mostrando falha parcial

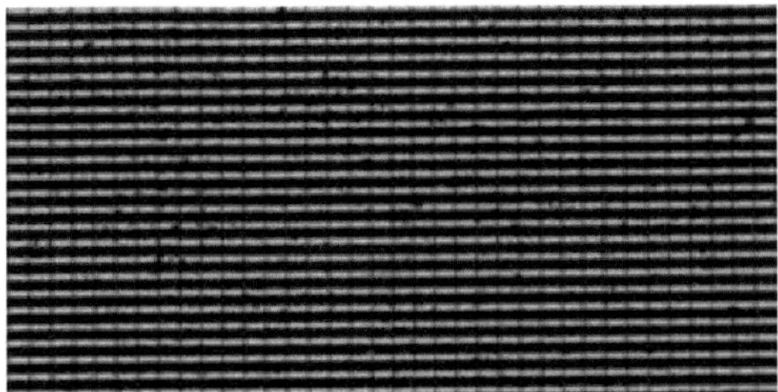

Um velho visor OLED mostrando o desgaste.

3.9.1. Lifespano de vida

O maior problema técnico para os OLEDs é a vida limitada dos materiais orgânicos. Um relatório técnico de 2008 sobre um painel de televisão OLED revelou que após 1.000 horas, a luminância azul degradou-se em 12%, a vermelha em 7% e a verde em 8% [111]. Em particular, os OLED azuis nessa altura tinham uma duração de cerca de 14.000 horas a metade do brilho original (cinco anos a oito horas por dia) quando utilizados para ecrãs de ecrã plano. Isto é inferior à vida útil típica da tecnologia LCD, LED ou PDP; cada um classificado para cerca de 25.000-40.000 horas a metade do brilho, dependendo do fabricante e modelo. Um grande desafio para os ecrãs OLED é a formação de manchas escuras devido à entrada de oxigénio e humidade, que degradam o material orgânico com o tempo, quer o ecrã seja alimentado ou não [112-114]. Em 2016, a LG Electronics relatou uma vida útil esperada de 100.000 horas, contra 36.000 horas em 2013 [115]. Um documento do Departamento de Energia dos EUA mostra que a vida útil esperada dos produtos de iluminação OLED diminui com o aumento do brilho, com uma vida útil esperada de 40.000 horas a 25% de brilho, ou 10.000 horas a 100% de brilho [116, 117].

3.9.2. Causa de Degradação

A degradação ocorre devido à acumulação [118] de centros de recombinação não radiativos e de supressores de luminescência na zona emissiva. Diz-se que a decomposição química nos semicondutores ocorre em quatro etapas:

1. Recombinação [119] de portadores de carga através da absorção da luz UV
2. dissociação homolítica
3. subsequentes reacções de adição radical que formam π radicais
4. desproporção entre dois radicais resultando em reacções de transferência hidrogénio-atom [120].

No entanto, os ecrãs de alguns fabricantes visam aumentar a vida útil dos ecrãs OLED, empurrando a sua vida útil esperada para além da dos ecrãs LCD, melhorando a ligação da luz, conseguindo assim a mesma luminosidade com uma corrente de transmissão mais baixa [121, 122]. Em 2007, foram criados OLEDs experimentais que podem sustentar 400 cd/m2 de luminância durante mais de 198.000 horas para OLEDs verdes e 62.000 horas para OLEDs azuis [123]. Em 2012, a vida útil do OLED para metade do brilho inicial foi melhorada para 900.000 horas para o vermelho, 1.450.000 horas para o amarelo e 400.000 horas para o verde com uma luminância inicial de 1.000 cd/m2 [124]. O encapsulamento adequado é fundamental para prolongar a vida útil de um visor OLED, uma vez que os materiais electroluminescentes emissores de luz OLED são sensíveis ao oxigénio e à humidade. Quando expostos à humidade ou oxigénio, os materiais electroluminescentes em OLED degradam-se à medida que oxidam, gerando pontos negros e reduzindo ou encolhendo a área que emite luz, reduzindo a saída de luz. Esta redução pode ocorrer numa base pixel a pixel. Isto pode também levar a uma delaminação da camada de eléctrodo, levando eventualmente a uma falha completa do painel.

A degradação ocorre três ordens de magnitude mais rapidamente quando exposta à humidade do que quando exposta ao oxigénio. O encapsulamento pode ser realizado através da aplicação de um adesivo epóxi com dessecante [125], através da laminação de uma folha de vidro com cola epóxi e dessecante [126] seguida de desgaseificação a vácuo, ou através da utilização de Encapsulamento de Película Fina (TFE), que é um revestimento multicamadas de camadas orgânicas e inorgânicas alternadas. As camadas orgânicas são aplicadas usando impressão a jacto de tinta, e as camadas inorgânicas são aplicadas usando Deposição de Camadas Atómicas (ALD). O processo de encapsulação é realizado sob um ambiente de azoto, utilizando cola LOCA curável por UV e os processos de deposição de material electroluminescente e de eléctrodos são realizados sob um vácuo elevado. Os processos de encapsulação e deposição de material são efectuados por uma única máquina, após a aplicação dos transístores de película fina. Os transístores são aplicados num processo que é o mesmo para os LCDs. Os materiais electroluminescentes também podem ser aplicados utilizando impressão a jacto de tinta [127, 131].

3.9.3. Equilíbrio de cores

O material OLED utilizado para produzir luz azul degrada-se muito mais rapidamente do que os materiais utilizados para produzir outras cores; por outras palavras, a produção de luz azul irá diminuir em relação às outras cores de luz. Esta variação na produção de cor diferencial irá alterar o equilíbrio de cor do visor, e é muito mais perceptível do que uma diminuição uniforme da luminância global [132]. Isto pode ser parcialmente evitado ajustando o equilíbrio de cor, mas isto pode exigir circuitos de controlo avançados e a entrada de um utilizador experiente. Mais frequentemente, porém, os fabricantes optimizam o tamanho dos subpixels R, G e B para reduzir a densidade da corrente através do subpixel, a fim de igualizar a duração de vida em plena luminância. Por exemplo, um subpixel azul pode ser 100% maior do que o subpixel verde. O subpixel vermelho pode ser 10% maior do que o verde.

3.9.4. Eficiência dos OLEDs Azuis

A melhoria da eficiência e da vida útil dos OLED azuis é vital para o sucesso dos OLEDs como substitutos da tecnologia LCD. Foi investida considerável investigação no desenvolvimento de OLEDs azuis com elevada eficiência quântica externa, bem como uma cor azul mais profunda [133-135].

Desde 2012, a investigação centra-se nos materiais orgânicos com fluorescência retardada termicamente activada (TADF), descobertos na Universidade de Kyushu OPERA e UC Santa Barbara CPOS. TADF permitiria uma solução estável e de alta eficiência processável (o que significa que os materiais orgânicos são depositados em soluções que produzem camadas mais finas) emissores azuis, com eficiências quânticas internas que atingem 100% [136]. No início de 2017 [137], os materiais TADF com base em aceitadores de electrões do tipo boro totalmente ligados ao oxigénio tinham conseguido um enorme avanço nas suas propriedades.
A eficiência quântica externa do TADF-OLED para luz azul e verde tinha alcançado 38%,
com meia-largura de largura total fina e alta pureza de cor. Em 2022, Han et al [138] sintetizaram um novo material luminescente do tipo D-A, TDBA-Cz, e utilizaram o m-AC-DBNA sintetizado por Meng et al. como controlo para investigar o efeito do local de substituição da unidade de carbazol como doador de electrões sobre a unidade de aceitação de electrões de trifenilborão com ponte de oxigénio sobre as propriedades fotofísicas da molécula global. Descobriu-se que a introdução de duas unidades de carbazol no mesmo anel de benzeno da unidade aceitadora de electrões de trifenilborão com ponte de oxigénio poderia suprimir eficazmente o relaxamento conformacional da molécula durante a transição radiativa, resultando na emissão de luz azul de banda estreita. Além disso, o TDBA-Cz é o primeiro material azul a atingir tanto um FWHM até 45 nm como um EQE máximo de 21,4% num TADF-OLED não dopado.

Espera-se que os emissores TADF azuis sejam comercializados até 2020 [139, 140] e seriam utilizados para ecrãs WOLED com filtros de cor fosforescentes, bem como ecrãs OLED azuis com filtros de cor QD impressos a tinta.

3.9.5. Danos causados pela água

A água pode danificar instantaneamente os materiais orgânicos dos expositores. Por conseguinte, a melhoria dos processos de selagem é importante para o fabrico prático. Os danos causados pela água podem limitar especialmente a longevidade dos ecrãs mais flexíveis [141].

3.9.6. Desempenho ao ar livre

Como tecnologia de visualização emissiva, os OLEDs dependem completamente da conversão da electricidade em luz, ao contrário da maioria dos LCDs que são, até certo ponto, reflectores. O papel E lidera a eficiência com ~ 33% de reflectividade da luz ambiente, permitindo que o visor seja utilizado sem qualquer fonte de luz interna. O cátodo metálico num OLED actua como um espelho, com a reflectância a aproximar-se dos 80%, levando a uma má legibilidade em luz ambiente brilhante, tal como no exterior. Contudo, com a aplicação adequada de um polarizador circular e revestimentos anti-reflexo, a reflectância difusa pode ser reduzida a menos de 0,1%. Com uma iluminação incidente de 10.000 fc (condição típica de teste para simulação de iluminação exterior), que produz um contraste fotópico aproximado de 5:1. Os avanços nas tecnologias OLED, no entanto, permitem que os OLED se tornem realmente melhores do que os LCD sob a luz solar brilhante. O visor AMOLED na Galáxia S5, por exemplo, teve um desempenho superior ao de todos os visores LCD no mercado em termos de utilização de energia, luminosidade e reflectância [142].

3.9.7. Consumo de energia

Enquanto um OLED consumirá cerca de 40% da potência de um LCD que exibe uma imagem que é principalmente preta, para a maioria das imagens consumirá 60-80% da potência de um LCD. Contudo, um OLED pode utilizar mais de 300% da potência para exibir uma imagem com um fundo branco, tal como um documento ou sítio web [143]. Isto pode levar a uma redução da duração da bateria em dispositivos móveis quando são utilizados fundos brancos.

3.9.8. Cintilação do ecrã

Os OLEDs utilizam a modulação da largura de pulso para mostrar gradações de cor/brilho, por isso, mesmo que o visor esteja a 100% de brilho, qualquer pixel que seja, por exemplo, 50% cinzento estará desligado durante 50% do tempo, fazendo um efeito estroboscópico subtil. A forma alternativa de diminuir o brilho seria diminuir a potência constante dos OLED, o que resultaria numa ausência de cintilação do ecrã, mas uma alteração notável no equilíbrio de cor, piorando à medida que o brilho diminui.

3.10. Fabricantes e usos comerciais

Quase todos os fabricantes de OLED dependem de equipamento de deposição de material que é fabricado apenas por um punhado de empresas [144], sendo a mais notável a Canon Tokki, uma unidade da Canon Inc. [144]. A Canon Tokki terá um quase monopólio das máquinas de vácuo gigantes de fabrico OLED, notável pelo seu tamanho de 100 metros (330 pés) [145]. A Apple confiou unicamente na Canon Tokki na sua tentativa de introduzir os seus próprios expositores OLED para os iPhones lançados em 2017 [146]. Os materiais electroluminescentes necessários para os OLED são também produzidos por um punhado de empresas, sendo algumas delas a Merck, Universal Display Corporation e LG Chem [147]. As máquinas que aplicam estes materiais podem funcionar continuamente durante 5-6 dias, e podem processar um substrato mãe em 5 minutos [148].

A tecnologia OLED é utilizada em aplicações comerciais tais como ecrãs para telemóveis e leitores de media digitais portáteis, auto-rádios e câmaras digitais, entre outros, bem como iluminação [149]. Tais aplicações de ecrãs portáteis favorecem a alta produção de luz dos OLED para a legibilidade à luz solar e o seu baixo consumo de energia. Os ecrãs portáteis são também utilizados intermitentemente, pelo que a menor duração dos ecrãs orgânicos é menos problemática. Os protótipos foram feitos de ecrãs flexíveis e rolantes que utilizam as características únicas dos OLED. Estão também a ser desenvolvidas aplicações em letreiros flexíveis e iluminação [150]. A iluminação OLED oferece várias vantagens sobre a iluminação LED, tais como iluminação de maior qualidade, fonte de luz mais difusa, e formas de painéis [149]. A Philips Lighting disponibilizou amostras de iluminação OLED sob a marca "Lumiblade" [151] e a Novaled AG com sede em Dresden, Alemanha, introduziu uma linha de lâmpadas de secretária OLED chamada "Victory" em Setembro de 2011 [152].

A Nokia introduziu telemóveis OLED, incluindo o N85 e o N86 8MP, ambos com um visor AMOLED. Os OLED foram também utilizados na maioria dos telemóveis a cores Motorola e Samsung, bem como em alguns modelos HTC, LG e Sony Ericsson [153]. A tecnologia OLED também pode ser encontrada em leitores de media digitais, tais como o Creative ZEN V, o clix iriver, o Zune HD e a Sony Walkman X Series.

O Google e o smartphone HTC Nexus One incluem um ecrã AMOLED, tal como os telefones Desire and Legend do próprio HTC. Contudo, devido à escassez de oferta dos ecrãs produzidos pela Samsung, certos modelos HTC irão utilizar ecrãs Sonys SLCD no futuro [154], enquanto que o smartphone Google e Samsung Nexus S irão utilizar "Super Clear LCD" em vez disso em alguns países [155].

Foram utilizados visores OLED em relógios feitos por Fossil (JR-9465) e Diesel (DZ-7086). Outros fabricantes de painéis OLED incluem a Anwell Technologies Limited (Hong Kong) [156]. AU Optronics (Taiwan) [157], Chimei Innolux Corporation (Taiwan) [158]. LG (Coreia) [159], e outros [160].

A DuPont declarou num comunicado de imprensa em Maio de 2010, que pode produzir uma televisão OLED de 50 polegadas em dois minutos com uma nova tecnologia de impressão. Se isto puder ser aumentado em termos de fabrico, então o custo total dos televisores OLED seria grandemente reduzido. A DuPont afirma também que os televisores OLED fabricados com esta tecnologia menos dispendiosa podem durar até 15 anos se forem deixados ligados durante um dia normal de oito horas [161, 162].

A utilização de OLEDs pode estar sujeita a patentes detidas pela Universal Display Corporation, Eastman Kodak, DuPont, General Electric, Royal Philips Electronics, numerosas universidades e outras [163]. Em 2008, milhares de patentes associadas aos OLEDs, provinham de grandes corporações e empresas tecnológicas mais pequenas [42].

Os ecrãs OLED flexíveis foram utilizados pelos fabricantes para criar ecrãs curvos como o Galaxy S7 Edge, mas não estavam em dispositivos que possam ser flexionados pelos utilizadores [164]. A Samsung demonstrou um visor de implantação em 2016 [165].

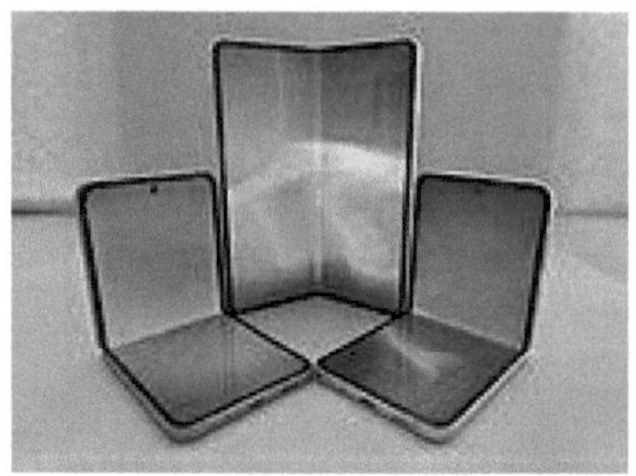

Smartphones dobráveis Samsung

Em 31 de Outubro de 2018, a Royole, uma empresa chinesa de electrónica, revelou o primeiro telefone de ecrã dobrável do mundo com um visor OLED flexível [166]. A 20 de Fevereiro de 2019, a Samsung anunciou o Samsung Galaxy Fold com um visor OLED dobrável da Samsung Display, a sua subsidiária maioritariamente detida [167]. No MWC 2019, a 25 de Fevereiro de 2019, a Huawei anunciou o Huawei Mate X com um visor OLED dobrável de BOE [168, 169].

Os anos 2010 assistiram também à adopção generalizada da linha de porta de rastreio em pixel (TGP), que move o circuito de condução das fronteiras do visor para o interior entre os pixéis do visor, permitindo a colocação de luneis estreitos [170].

3.10.1. Moda

Os têxteis que incorporam OLEDs são uma inovação no mundo da moda e representam uma forma de integrar a iluminação para levar os objectos inertes a um nível totalmente novo de moda. A esperança é combinar o conforto e as propriedades de baixo custo dos têxteis com as propriedades de iluminação e baixo consumo de energia dos OLEDs. Embora este cenário de vestuário iluminado seja altamente plausível, os motores de callenges continuam a ser um bloqueio de estrada. Algumas questões incluem: a vida útil do OLED, a rigidez dos substratos flexíveis de folha de alumínio, e a falta de investigação na produção de mais tecido como os têxteis fotónicos [171].

3.10.2. Automotivo

O número de fabricantes de automóveis que utilizam OLED é ainda raro e limitado ao topo de gama do mercado. Por exemplo, o Lexus RX 2010 apresenta um visor OLED em vez de um visor de transístor de película fina (TFT-LCD).

Um fabricante japonês Pioneer Electronic Corporation produziu os primeiros estéreos para automóveis com um visor OLED monocromático, que foi também o primeiro produto OLED do mundo [172]. A Aston Martin DB9 incorporou o primeiro expositor OLED automóvel do mundo [173], que foi fabricado pela Yazaki [174], seguido do Jeep Grand Cherokee 2004 e do Chevrolet Corvette C6 [175]. A Hyundai Sonata 2015 e a Kia Soul EV usam um ecrã de 3,5 polegadas de PMOLED branco.

3.10.3.   Aplicações específicas da empresa
3.10.3.1. Samsung

Em 2004, a Samsung Display, uma subsidiária do maior conglomerado da Coreia do Sul e uma antiga empresa conjunta Samsung-NEC, era o maior fabricante mundial de expositores OLED, produzindo 40% dos expositores OLED fabricados no mundo [176], e a partir de 2010, tem uma quota de 98% do mercado global AMOLED [177]. A empresa é líder mundial da indústria OLED, gerando $100,2 milhões do total de $475 milhões de receitas no mercado mundial de OLED em 2006 [178]. Em 2006, detinha mais de 600 patentes americanas e mais de 2800 patentes internacionais, tornando-a no maior proprietário de patentes de tecnologia AMOLED [178].

Expositores Samsung AMOLED

A Samsung SDI anunciou em 2005, a maior televisão OLED do mundo na altura, com 53 cm (21 polegadas) [179] [179]. Este OLED apresentava a mais alta resolução na altura, de 6,22 milhões de pixels. Além disso, a empresa adoptou tecnologia baseada em matriz activa pelo seu baixo consumo de energia e qualidades de alta resolução. Isto foi ultrapassado em Janeiro de 2008, quando a Samsung exibiu a maior e mais fina televisão OLED do mundo na altura, com 31 polegadas (78 cm) e 4,3 mm [180].

Em Maio de 2008, a Samsung revelou um conceito de ecrã OLED ultra-fino de 12,1 polegadas (30 cm) para portáteis, com uma resolução de 1.280×768 com uma relação de contraste infinita [181]:De acordo com Woo Jong Lee, Vice-Presidente da Equipa de Marketing de Ecrãs Móveis da Samsung SDI, a empresa esperava que os ecrãs OLED fossem utilizados em computadores portáteis logo em 2010 [182].
Em Outubro de 2008, a Samsung apresentou o visor OLED mais fino do mundo, também o primeiro a ser "abanável" e dobrável [183]. Mede apenas 0,05 mm (mais fino que o papel), mas um membro do pessoal da Samsung disse que é "tecnicamente possível tornar o painel mais fino" [183]. Para atingir esta espessura, a Samsung gravou um painel

OLED que utiliza um substrato de vidro normal. O circuito de transmissão foi formado por TFTs de polissilício de baixa temperatura. Além disso, foram empregues matrizes EL orgânicas de baixa molecularidade. A contagem de píxeis do visor é de 480 × 272. A relação de contraste é de 100.000:1, e a luminância é de 200 cd/m2. A gama de reprodução de cores é 100% da norma NTSC.

A partir de 2020, a maior televisão OLED do mundo é de 88 polegadas com uma resolução de 8K, taxa de quadros até 120 fps e custo de 34.676 dólares americanos [184].

No Consumer Electronics Show (CES) em Janeiro de 2010, a Samsung demonstrou um computador portátil com um visor OLED grande e transparente com até 40% de transparência [185] e um visor OLED animado num cartão de identificação com fotografia [186].

Os smartphones AMOLED 2010 da Samsung utilizaram a sua marca registada Super AMOLED, com o Samsung Wave S8500 e Samsung i9000 Galaxy S a serem lançados em Junho de 2010. Em Janeiro de 2011, a Samsung anunciou os seus displays Super AMOLED Plus, que oferecem vários avanços sobre os mais antigos. Visores Super AMOLED: matriz de listras reais (50% mais sub pixels), factor de forma mais fina, imagem mais brilhante e uma redução de 18% no consumo de energia [187].

No CES 2012, a Samsung introduziu o primeiro ecrã de televisão de 55" que utiliza a tecnologia Super OLED [188].

A 8 de Janeiro de 2013, no CES Samsung revelou um televisor OLED 4K Ultra S9 Ultra curvo único, que, segundo afirmam, proporciona uma "experiência semelhante ao IMAX" para os telespectadores [189].

A 13 de Agosto de 2013, a Samsung anunciou a disponibilidade de uma televisão OLED curva de 55 polegadas (modelo KN55S9C) nos EUA a um preço de 8999,99 dólares [190].

A 6 de Setembro de 2013, a Samsung lançou a sua televisão OLED curva de 55 polegadas (modelo KE55S9C) no Reino Unido com John Lewis [191].

A Samsung introduziu o smartphone Galaxy Round no mercado coreano em Outubro de 2013. O dispositivo apresenta um ecrã de 1080p, medindo 5,7 polegadas (14 cm), que se curva no eixo vertical numa caixa redonda. A empresa promoveu as seguintes vantagens: Uma nova funcionalidade chamada "Round Interaction" que permite aos utilizadores olhar para a informação inclinando o aparelho numa superfície plana com o ecrã desligado, e a sensação de uma transição contínua quando o utilizador muda entre ecrãs iniciais [192].

A Samsung lançou uma nova linha de televisores OLED em 2022, a sua primeira utilização da tecnologia desde 2013 [193]. Utilizam painéis provenientes da Samsung Display; anteriormente, a LG era o único fabricante de painéis OLED para televisores [194].

3.10.3.2. Sony

O Sony CLIÉ PEG-VZ90 foi lançado em 2004, sendo o primeiro PDA a ter um ecrã OLED [195]. Outros produtos Sony com ecrãs OLED incluem o gravador de minidisc portátil MZ-RH1, lançado em 2006 [196] e o Walkman X Series [197].

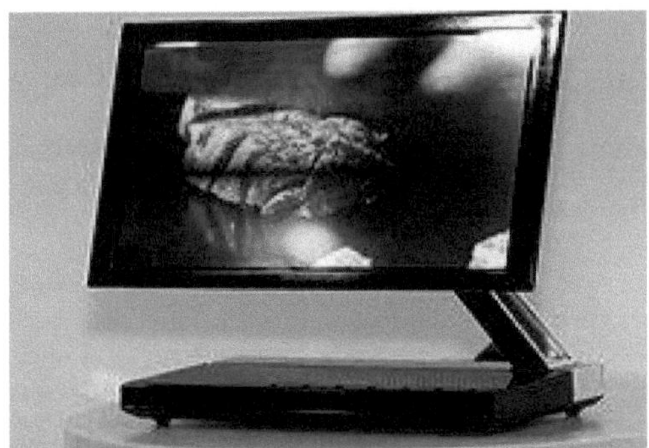

Sony XEL-1, a primeira televisão OLED do mundo [37] (frente)

No Salão de Electrónica de Consumo de Las Vegas (CES) de 2007, a Sony exibiu um televisor de 11 polegadas (28 cm), (resolução 960×540) e 27 polegadas (69 cm), resolução full HD a 1920 × 1080 modelos de televisão OLED [198]. Ambos reivindicavam rácios de contraste de 1.000.000:1 e espessuras totais (incluindo luneis) de 5 mm. Em Abril de 2007, a Sony anunciou que iria fabricar 1000 televisores OLED de 11 polegadas (28 cm) por mês para fins de teste de mercado [199]. A 1 de Outubro de 2007, a Sony anunciou que o modelo XEL-1 de 11 polegadas (28 cm) era o primeiro televisor OLED comercial [37] e foi lançado no Japão em Dezembro de 2007 [200].

Em Maio de 2007, a Sony revelou publicamente um vídeo de um ecrã OLED flexível de 2,5 polegadas (6,4 cm) com apenas 0,3 milímetros de espessura [201]. Na exibição de 2008, a Sony demonstrou um ecrã de 0,2 mm de espessura de 3,5 polegadas (8,9 cm) com uma resolução de 320×200 pixels e um ecrã de 0,3 mm de espessura de 11 polegadas (28 cm) com uma resolução de 960×540 pixels, um décimo da espessura do XEL-1.[202, 203].

Em Julho de 2008, um organismo governamental japonês disse que iria financiar um projecto conjunto de empresas líderes,
que é desenvolver uma tecnologia chave para produzir expositores orgânicos de grande dimensão e que poupem energia. Este projecto envolve um laboratório e 10 empresas, incluindo a Sony Corp. NEDO disse que o projecto visava desenvolver uma tecnologia central para produzir ecrãs OLED de 40 polegadas ou maiores no final da década de 2010 [204].

Em Outubro de 2008, a Sony publicou os resultados da investigação que realizou com o Instituto Max Planck sobre a possibilidade de ecrãs de flexão do mercado de massas, que poderiam substituir os LCD rígidos e ecrãs de plasma. Eventualmente, ecrãs dobráveis e transparentes poderiam ser empilhados para produzir imagens 3D com relações de contraste e ângulos de visão muito maiores do que os produtos existentes [205].

A Sony exibiu um protótipo de televisão OLED 3D de 24,5" (62 cm) durante o Consumer Electronics Show em Janeiro de 2010 [206].

Em Janeiro de 2011, a Sony anunciou que a consola de jogos portátil PlayStation Vita (a sucessora da PSP) terá um ecrã OLED de 5 polegadas [207].

A 17 de Fevereiro de 2011, a Sony anunciou o seu Monitor de Referência Profissional OLED de 25" (63,5 cm) destinado ao mercado de Cinema e Pós-Produção de Drama de alta gama [208].

A 25 de Junho de 2012, a Sony e a Panasonic anunciaram uma empresa conjunta para a criação de televisores OLED de produção em massa de baixo custo até 2013 [209]. A Sony revelou a sua primeira televisão OLED desde 2008 no CES 2017 chamada A1E. Revelou dois outros modelos em 2018, um no CES 2018 chamado A8F e outro na Master Series TV chamada A9F. No CES 2019. Revelaram outros dois modelos um o A8G e o outro a série Bravia TV chamada A9G. Depois, no CES 2020, revelaram a A8H, que era efectivamente uma A9G em termos de qualidade de imagem, mas com alguns compromissos devido ao seu custo mais baixo. No mesmo evento, revelaram também uma versão de 48 polegadas da A9G, fazendo desta a sua televisão OLED mais pequena desde o XEL-1.[210-213].

3.10.3.3. LG

A 9 de Abril de 2009, a LG adquiriu o negócio OLED da Kodak e começou a utilizar a tecnologia OLED branca [214, 215]. A partir de 2010, a LG Electronics produziu um modelo de televisão OLED, o televisor de 15 polegadas (38 cm) 15EL9500 [216] e anunciou um televisor OLED 3D de 31 polegadas (79 cm) para Março de 2011 [217]. A 26 de Dezembro de 2011, a LG anunciou oficialmente o "maior painel OLED do mundo de 55 polegadas (140 cm)" e apresentou-o no CES 2012 [218]. No final de 2012, LG anuncia o lançamento da televisão OLED 55EM9600 na Austrália [219].

Em Janeiro de 2015, a LG Display assinou um acordo a longo prazo com a Universal Display Corporation para o fornecimento de materiais OLED e o direito de utilizar os seus emissores OLED patenteados [220].

3.10.3.4. Mitsubishi

A Lumiotec é a primeira empresa do mundo a desenvolver e vender, desde Janeiro de 2011, painéis de iluminação OLED produzidos em massa com tal brilho e longa duração. A Lumiotec é uma empresa conjunta da Mitsubishi Heavy Industries, ROHM, Toppan Printing, e Mitsui & Co. A 1 de Junho de 2011, a Mitsubishi Electric instalou uma "esfera" OLED de 6 metros no Museu da Ciência de Tóquio [221].

3.10.3.5. Grupo Recom

A 6 de Janeiro de 2011, a empresa tecnológica Recom Group, sediada em Los Angeles, apresentou a primeira aplicação do OLED no Consumer Electronics Show em Las Vegas. Este foi um ecrã OLED de 2,8" (7 cm) a ser utilizado como uma etiqueta com o nome de um vídeo desgastável [222]. Na Consumer Electronics Show de 2012, o Recom Group introduziu a primeira bandeira de microfone de vídeo do mundo incorporando três ecrãs OLED de 2,8" (7 cm) na bandeira de microfone de uma emissora padrão. A bandeira de microfone de vídeo permitiu a exibição de conteúdo de vídeo e publicidade numa bandeira de microfone padrão de um organismo de radiodifusão [223].

3.10.3.6. Dell

A 6 de Janeiro de 2016, a Dell anunciou o monitor OLED Ultrasharp UP3017Q na Consumer Electronics Show em Las Vegas [224]. O monitor foi anunciado para apresentar um painel OLED UHD 4K de 30 polegadas (76 cm) com uma taxa de actualização de 120 Hz, tempo de resposta de 0,1 milissegundo, e uma relação de contraste de 400.000:1. O monitor foi definido para ser vendido a um preço de 4.999 dólares e lançado em Março de 2016, apenas alguns meses depois. No final de Março, o monitor não foi lançado no mercado e a Dell não se pronunciou sobre as razões do atraso. Relatórios sugeriram que a Dell cancelou o monitor, uma vez que a empresa estava descontente com a qualidade de imagem do painel OLED, especialmente com a quantidade de deriva de cor que este mostrava quando se via o monitor de lado [225]. A 13 de Abril de 2017, a Dell lançou finalmente o monitor OLED UP3017Q ao mercado ao preço de $3.499 (menos $1.500 do que o seu preço falado original de $4.999 no CES 2016). Para além da queda do preço, o monitor apresentava uma taxa de actualização de 60 Hz e uma relação de contraste de 1.000.000:1. A partir de Junho de 2017, o monitor já não está disponível para compra no website da Dell.

3.10.3.7. Maçã

A Apple começou a utilizar painéis OLED nos seus relógios em 2015 e nos seus computadores portáteis em 2016 com a introdução de uma barra de toque OLED no MacBook Pro [226]. Em 2017, a Apple anunciou a introdução do seu décimo aniversário do iPhone X com o seu próprio ecrã OLED optimizado licenciado pela Universal Display Corporation [227]. A Apple continuou a utilizar a tecnologia nos sucessores do iPhone X, tais como o iPhone XS e iPhone XS Max, e o iPhone 11 Pro e iPhone 11 Pro Max.

3.10.3.8. Nintendo

Um terceiro modelo do intendo Switch, um sistema de jogos híbrido, apresenta um painel OLED em substituição do seu actual painel LCD. Anunciado no Verão de 2021, foi lançado a 8 de Outubro de 2021 [228].

3.11. Investigação

Em 2014, a Mitsubishi Chemical Corporation (MCC), uma subsidiária da Mitsubishi Chemical Holdings, desenvolveu um painel OLED com uma vida útil de 30.000 horas, o dobro da dos painéis OLED convencionais [229].

A procura de materiais OLED eficientes tem sido amplamente apoiada por métodos de simulação; é possível calcular computacionalmente propriedades importantes, independentemente da entrada experimental [230, 231], tornando o desenvolvimento de materiais mais barato.

A 18 de Outubro de 2018, a Samsung apresentou o seu roteiro de investigação no seu Fórum OLED da Samsung de 2018. Este incluiu Fingerprint on Display (FoD), Under Panel Sensor (UPS), Haptic on Display (HoD) e Sound on Display (SoD) [232].

Vários vendedores estão também a pesquisar câmaras sob OLEDs (Under Display Cameras). De acordo com a IHS Markit Huawei estabeleceu uma parceria com BOE, Oppo com China Star Opto-electronics Technology (CSOT), Xiaomi com Visionox [233].

Em 2020, os investigadores da Queensland University of Technology (QUT) propuseram a utilização de cabelo humano que é uma fonte de carbono e azoto para criar ecrãs OLED [234].

3.12. Referências

[1].   "EL Orgânico - I&D". Laboratório de Energia Semicondutora. Recuperado a 8 de Julho de 2019.
[2].   "O que é EL orgânico?". Idemitsu Kosan. Recuperado a 8 de Julho de 2019.
[3].   Kamtekar, K. T.; Monkman, A. P.; Bryce, M. R. (2010). "Recentes Avanços em Branco
    Materiais e dispositivos orgânicos emissores de luz (WOLEDs)". Materiais avançados. 22 (5):
    572–582.
[4].   D'Andrade, B. W.; Forrest, S. R. (2004). "White Organic Light-Emitting Devices for Solid-State-State Lighting". Materiais avançados. 16 (18): 1585–1595.
[5].   Chang, Yi-Lu; Lu, Zheng-Hong (2013). "Díodos emissores de luz orgânicos brancos para sólidos...".
    State Lighting". Journal of Display Technology". PP (99): 1.
[6].   "PMOLED vs AMOLED - qual é a diferença?". Oled-info.com. Arquivado em 20 Dezembro de 2016. Recuperado a 16 de Dezembro de 2016.

[7].   Pearsall, Thomas (2010). Photonics Essentials, 2ª edição. McGraw-Hill.
ISBN 978-0-07- 162935-5. Arquivado a 17 de Agosto de 2021. Recuperado a 24 de Fevereiro de 2021.
[8].   "Um diagrama esquemático da estrutura multicamadas do OLED | Download Scientific Diagram".
Recuperado a 4 de Março de 2022.
[9].   "Esquema de estruturas OLED com Encapsulamento | EurekAlert! Science News".
Arquivado a 17 de Abril de 2021. Recuperado a 5 de Janeiro de 2020.
[10[. Bernanose, A.; Comte, M.; Vouaux, P.(1953). "Um novo método de emissão de luz por certos
compostos orgânicos". J. Chim. Phys. 50: 64.
[11].   Bernanose, A.; Vouaux, P. (1953). "Organic electroluminescence type of emission". J.
Chim. Phys. 50: 261.
[12].   Bernanose, A. (1955). "O mecanismo da electroluminescência orgânica". J. Chim. Phys.
52: 396.
[13].   Bernanose, A. & Vouaux, P. (1955). "Relação entre electroluminescência orgânica e concentração do produto activo". J. Chim. Phys. 52: 509.
[14].   Kallmann, H.; Papa, M. (1960). "Positive Hole Injection into Organic Crystals". O Journal of Chemical Physics. 32 (1): 300.
[15].   Kallmann, et al. (1960). "Bulk Conductivity in Organic Crystals". Natureza. 186 (4718): 31–
33.
[16].   Mark, Peter; Helfrich, Wolfgang (1962). "Correntes Limitadas ao Espaço em Correntes Orgânicas
Cristais". Journal of Applied Physics". 33 (1): 205.
[17].   Papa, M.; Kallmann, H. P.; Magnante, P. (1963). "Electroluminescência em Orgânica
Cristais". The Journal of Chemical Physics". 38 (8): 2042.
[18].   Sano, Mizuka; Papa, Martin; Kallmann, Hartmut (1965). "Electroluminescência e Banda
Gap in Anthracene". The Journal of Chemical Physics". 43 (8): 2920.
[19].   Helfrich, W.; Schneider, W. (1965). "Recombinação da radiação em cristais de antraceno".
Cartas de Revisão Física. 14 (7): 229–231.
[20].   Gurnee, E. e Fernandez, R. "Fosfores orgânicos electroluminescentes",
Patente americana 3,172,862, Data de emissão: 9 de Março de 1965
[21].   Feedback: Amigo e rival, Mundo Físico, Volume 14, Número 1
[22].   Partridge, Roger Hugh, "Radiation sources" U.S. Patent 3,995,299, Data de emissão: 30
Novembro de 1976
[23].   Expositores electrónicos de painel plano: um triunfo da física, da química e da engenharia,
Philosophical Transactions of the Royal Society, Volume 368, Número 1914

[24]. Partridge, R (1983). "Electroluminescência de filmes de polivinilcarbazol: 1. Carbazol
cations". Polímero. 24 (6): 733–738.

[25]. Partridge, R (1983). "Electroluminescência de filmes de polivinilcarbazole: 2.
Filmes de polivinilcarbazol contendo pentacloreto de antimónio". Polímero. 24 (6): 739–747.

[26]. Partridge, R (1983). "Electroluminescência de filmes de polivinilcarbazole: 3.
Dispositivos electroluminescentes". Polímero. 24 (6): 748–754.

[27]. Partridge, R (1983). "Electroluminescência de filmes de polivinilcarbazole: 4.
Electroluminescência utilizando cátodos de funções de trabalho superiores". Polímero. 24 (6): 755–762.

[28]. Tang, C. W.; Vanslyke, S. A. (1987). "Díodos electroluminescentes orgânicos". Aplicado
Cartas de Física. 51 (12): 913.

[29]. Burroughes, J. H.; et al. (1990). "Light-emitting diodes based on conjugated polymers".
Natureza. 347 (6293): 539–541.

[30]. Burroughes, J. H; et al. (1990). "Light-emitting diodes based on conjugated polymers".
Natureza. 347 (6293): 539–541.

[31]. Conselho Nacional de Investigação (2015). A Oportunidade da Electrónica Flexível. O Conselho Nacional de
Academies Press. pp. 105-6. ISBN 978-0-309-30591-4.

[32]. Bobbert, Peter; Coehoorn, Reinder (Setembro de 2013). "Um olhar dentro de OLEDs brancos".
Europhysics News. 44 (5): 21–25.

[33]. Kido, J.; Kimura, M.; Nagai, K. (3 de Março de 1995).
"Dispositivo de Electroluminescência Orgânica Multilayer White Light-Emitting Organic Electroluminescent". Ciência. 267
(5202): 1332–1334. ISSN 0036-8075.

[34]. "Sanyo, rampa Kodak linha de produção OLED". Eetimes.com. 6 de Dezembro de 2001.

[35]. Shim, Richard. "Kodak, Sanyo demo OLED display". Cnet.com. Recuperado em 6 de Outubro de 2019.

[36]. Antoniadis, Homer. "Overview of OLED display technology". Ewh.ieee.org.

[37]. Sony XEL-1:A primeira televisão OLED do mundo. Arquivada em 2016-02-05 na Wayback Machine,
OLED-Info.com (2008-11-17).

[38]. "Samsung Display renova um acordo de licença com a UDC para patentes OLED". Kipost.net
22 de Fevereiro de 2018. Recuperado a 10 de Novembro de 2019.

[39]. "LG estende o pacto OLED com a UDC". Koreatimes.co.kr. 27 de Janeiro. 2015. Recuperado a 10 de Novembro.
2019.

[40]. "JOLED inicia o envio comercial dos primeiros painéis OLED de impressão do mundo". Impresso

Mundo da Electrónica. 12 de Dezembro de 2017. Recuperado a 28 de Novembro de 2019.

[41]. Raikes, Bob (2017). "JOLED inicia envios comerciais OLEDs imprimíveis". DisplayDaily.com. Recuperado a 28 de Novembro de 2019.

[42]. Kho, Mu-Jeong, et al. (2008). Relatório Final: OLED Solid State Lighting - Kodak Investigação Europeia, Projecto MOTI (Gestão de Tecnologia e Inovação), Juiz Business School of the Univ. of Cambridge e Kodak European Research, Relatório Final apresentado a 4 de Março de 2008, na Kodak European Research no Parque Científico de Cambridge, Cambridge, UK., pp. 1-12.

[43]. Piromreun, Pongpun; Oh, Hwansool; Shen, Yulong; Malliaras, George G.; Scott, J. Campbell; Brock, Phil J. (2000). "O papel da CsF na injecção de electrões num conjugado polímero". Cartas de Física Aplicada". 77 (15): 2403.

[44]. D. Ammermann, A. Böhler, W. Kowalsky, Díodos Emissores de Luz Orgânicos Multicamadas para Ecrã plano. Arquivado 2009-02-26 em the Wayback Machine, Institut für Hochfrequenztechnik, TU Braunschweig, 1995.

[45]. "Díodos emissores de luz orgânicos com base numa maior eficiência quântica graduada". Universidade de Minnesota. Arquivada a 24 de Março de 2012. Recuperado a 31 de Maio de 2011.

[46]. Holmes, Russell; Erickson, N.; Lüssem, Björn; Leo, Karl (27 de Agosto de 2010). "Altamente dispositivos eficientes, emissores de luz orgânicos de camada única baseados numa composição graduada camada emissiva". Cartas de Física Aplicada". 97 (1): 083308.

[47]. Lin Ke, Peng; et al. (Junho de 2006). "Dispositivo emissor de luz orgânico isento de índio-estanho-oxidante". Transacções IEEE em Dispositivos Electrónicos. 53 (6): 1483–1486.

[48]. Carter, S. A.; et al. (1997). "Ânodos poliméricos para diodo emissor de luz de polímero melhorado desempenho". Cartas de Física Aplicada". 70 (16): 2067.

[49]. Friend, R. H.; et al. (1999). "Electroluminescência em polímeros conjugados". Natureza. 397 (6715): 121–128.

[50]. "Os OLEDs Spintronic poderiam ser mais brilhantes e mais eficientes". Engenheiro: 1. 16 Julho de 2012.

[51]. Davids, P. S.; Kogan, Sh. M.; Parker, I. D. (1996). "Injecção de carga em LED orgânico: Injecção em túneis em materiais de baixa mobilidade". Aplicado Cartas de Física. 69 (15): 2270.

[52]. Crone, B. K.; Campbell, I. H.; Davids, P. S.; Smith, D. L. (1998).

"Injecção de carga e transporte em díodos emissores de luz orgânicos de camada única".
Cartas de Física Aplicada. 73 (21): 3162.
[53].   Crone, B. K.; et al. (1999). "Device physics of single layer organic light-emitting diodes".
Journal of Applied Physics. 86 (10): 5767.
[54].   Jin, Yi; et al. (2010). "Melhoria das Propriedades de Electroluminescência do Vermelho
Copolímeros de Diketopyrrolopyrrole-Doped por Oxadiazole e Unidades de Carbazole como
Pendentes". Polímero. 51 (24): 5726–5733.
[55].   Shah, Bipin K.; et al. (1 de Fevereiro de 2006).
"Derivados de Anthanthrene como Materiais Emissores Azuis para Aplicações de LED Orgânicos".
Química dos Materiais. 18 (3): 603–608.
[56].   Zhang, Hui; et al. (1 de Fevereiro de 2021).
"Síntese e caracterização de derivados cumarínicos baseados em SFX para OLEDs".
Corantes e Pigmentos. 185: 108969. ISSN 0143-7208.
[57].   Tang, C. W.; Vanslyke, S. A. (1987). "Díodos electroluminescentes orgânicos". Aplicado
Cartas de Física. 51 (12): 913.
[58].   Kho, Mu-Jeong, Javed, T., Mark, R., Maier, E., e David, C. (2008) Relatório Final: OLED
Solid State Lighting - Kodak European Research, MOTI (Gestão de Tecnologia e
Projecto Inovação), Judge Business School of the University of Cambridge e Kodak
European Research, Relatório Final apresentado a 4 de Março de 2008, na Kodak European
Investigação no Cambridge Science Park, Cambridge, UK., pp. 1-12.
[59].   Bellmann, E.; et al. (1998). "New Triarylamine-Containing Polymers as Hole Transport".
Materiais em Díodos Orgânicos emissores de luz: Efeito de Estrutura Polimérica e Cross-
Linking on Device Characteristics". Química dos Materiais. 10 (6): 1668–1676.
[60].   Sato, Y.; et al. (1998). "Características de Funcionamento e Degradação da Electro-
Dispositivos luminescentes". IEEE Journal of Selected Topics in Quantum Elec... 4 (1): 40–48.
[61].   Young, R.; et al. Tang, Ching W.; Marchetti, Alfred P. (42002).
"Fluorescência induzida por corrente eléctrica que se extingue nos díodos emissores de luz orgânicos". Aplicado
Cartas de Física. 80 (5): 874–876. ISSN 0003-6951.
[62].   Duarte, FJ; Liao, LS; Vaeth, KM (2005). "Características de coerência de excitação eléctrica
diodos emissores de luz orgânicos tandem". Cartas ópticas. 30 (22): 3072–4.
[63].   Duarte, FJ (2007). "Coherent electrically excited organic semiconductors: visibility of
interferogramas e largura de linha de emissão". Cartas ópticas. 32 (4): 412–4.

[64]. Sinopse: Um Díodo emissor de luz de uma única molécula. Arquivado 2014-01-30
na Wayback Machine, Physics, 28 de Janeiro de 2014.
[65]. Os investigadores desenvolvem o primeiro LED de uma única molécula. Arquivado
2014-02-21
na Wayback Machine, Photonics Online, 31 de Janeiro de 2014
[66]. Hebner, T. R.; Wu, C. C.; Marcy, D.; Lu, M. H.; Sturm, J. C. (1998). "Ink-jet
printing of
polímeros dopados para dispositivos orgânicos emissores de luz". Cartas de Física
Aplicada. 72 (5): 519.
[67]. Bharathan, Jayesh; Yang, Y. (1998). "Dispositivos poliméricos electroluminescentes
processados por
impressão a jacto de tinta: I. Logotipo de emissão de luz de polímero". Cartas de
Física Aplicada. 72 (21): 2660.
[68]. Heeger, A. J. (1993) em W. R. Salaneck, I. Lundstrom, B. Ranby, Conjugated
Polymers
e Materiais Relacionados, Oxford, 27-62. ISBN 0-19-855729-9.
[69]. Kiebooms, R.; Menon, R.; Lee, K. (2001) in H. S. Nalwa, Handbook of Advanced
Electronic and Photonic Materials and Devices Vol. 8, Academic Press, 1-86.
[70]. Wagaman, Michael; Grubbs, Robert H. (1997). "Síntese do PNV Homo e
Copolímeros por uma Rota de Precursores ROMP". Metais Sintéticos. 84 (1–3): 327–
328.
[71]. Wagaman, Michael; Grubbs, Robert H. (1997). "Síntese de Orgânicos e Solúveis em
Água
Grupos de Poli (1,4-fenilenevinilenos) contendo Carboxil: Abertura de anéis vivos
Polimerização por Metatese (ROMP) de 2,3-Dicarboxibarrelenos". Macromoléculas.
30
(14): 3978–3985.
[72]. Pu, Lin; Wagaman, Michael; Grubbs, Robert H. (1996). "Síntese de Poli(1,4-
naftilenevinilenos): Metatese Polimerização dos Benzobarrelenos". Macromoléculas.
29 (4): 1138–1143.
[73]. Fallahi, Afsoon; et al. (11 de Junho de 2015).
"Polielectrólitos conjugados catiónicos solúveis em água/Injeção de furo de grafite
OLED".
The Journal of Physical Chemistry C. 119 (23): 13144–13152. ISSN 1932-7447.
[74]. Yang, Xiaohui; et al. (2004). "Polímero de camada única altamente eficiente
Dispositivos Electrofosforescentes". Materiais avançados". 16 (2): 161–166.
[75]. Baldo, M. A.; et al. (1998). "Highly Efficient phosphorescent emission from organic
dispositivos electroluminescentes". Natureza. 395 (6698): 151–154.
[76]. Baldo, M. A.; Lamansky, S.; Burrows, P. E.; Thompson, M. E.; Forrest, S. R.
(1999).
"Dispositivos emissores de luz orgânica verde de muito alta eficiência baseados em
electro...
fosforescência". Cartas de Física Aplicada". 75 (1): 4.
[77]. Adachi, C.; Baldo, M. A.; Thompson, M. E.; Forrest, S. R. (2001). "Quase 100%
interno

eficiência da fosforescência num dispositivo emissor de luz orgânica". Diário de aplicação
Física. 90 (10): 5048.
[78]. Singh, Madhusudan; et al. (2009). "Electroluminescência a partir de poliédrico estelato impresso
silsesquioxanos oligoméricos". Matéria mole. 5 (16): 3002.
[79]. An, Dong; Liu, Hongli; Wang, Shirong; Li, Xianggao (15 de Abril de 2019).
"Modificação de ânodos ITO com monocamadas auto-montadas para e injecção em OLEDs".
Cartas de Física Aplicada. 114 (15): 1533. ISSN 0003-6951.
[80]. Gil, Tae Hyun; et al. (Fevereiro de 2010).
"Origem dos danos no OLED a partir da pulverização de magnetrões de deposição de eléctrodos de Al top electrode".
Electrónica Orgânica. 11 (2): 322–331.
[81]. Im, Jung Hyuk; et al. (1 de Junho de 2016).
"Película de plástico Al/Ag de bílis em forma de granel, devido à supressão de OLEDs transparentes de plasma de superfície".
Electrónica Orgânica. 33: 116–120. ISSN 1566-1199.
[82]. Mizuno, K.; Ono, S.; Shibata, Y. (Agosto de 1973).
"Duas interacções de modo diferente num Fabry de electrões - O ressonador Perot - O Ledatron".
Transacções IEEE em Dispositivos Electrónicos. 20 (8): 749–752. ISSN 0018-9383.
[83]. Chen, Shufen; et al (7 de Dezembro de 2010).
"Desenvolvimentos Recentes em Díodos emissores de luz orgânicos de alta emissão".
Materiais avançados. 22 (46): 5227–5239.
[84]. Ishibashi, Tadashi; et al. (25 de Maio de 2006).
"Ecrã de LED Orgânico de Matriz Activa baseado na Tecnologia "Super Top Emission".
Jornal Japonês de Física Aplicada. 45 (5B): 4392–4395. ISSN 0021-4922.
[85]. US 5986401, Mark E. Thompson, Stephen R. Forrest, Paul Burrows,
"Display de dispositivo emissor de luz orgânica transparente de alto contraste", publicado em 1999-11-16
[86]. "LG OLED TV Display Technology Shoot-Out". Arquivado a 16 de Janeiro de 2017.
Recuperado a 1 de Março de 2017
[87]. Chu, Ta-Ya; et al. (2006).
"Dispositivos altamente eficientes e estáveis de emissão de luz orgânica de baixa emissão invertida".
Cartas de Física Aplicada. 89 (5): 053503.[
[88]. "Visualização avançada". Solomon Systech Limited. Recuperado a 24 de Agosto de 2020.
[89]. B Takatoshi, Tsujimura (3 de Abril de 2017). Fundamentos e Aplicações da Exposição OLED (2
ed.). Nova Iorque: John Wiley & Sons, Inc. ISBN 978-1-119-18731-8.

[90].   "Fine Metal Masks for OLED Displays | Toppan Printing Co., Ltd. Divisão de Electrónica".
         Toppan.co.jp.
[91].   "V-Technology to start producing next-generation OLED lighting maker Lumiotec".
        Oled-info.com.
[92].   "Tecnologia V Adquire a Lumiotec; Estabelece 19 de Fevereiro de 2018".
Associação OLED.
[93].   "OLED": Sistema de Produção de Pequeno e Médio Volume | Produtos | Produtos e Serviços".
        Corporação Canon Tokki.
[94].   "Canon Tokki's Distinctive Technology | About OLED | Products and Services".
Canon
        Tokki Corporation.
[95].   "OLEDON desenvolveu uma tecnologia de máscara de sombra de 0,38um que permite 2.250 PPI". Oled-
        info.com.
[96].   Tsujimura (2009). "LARGE-SIZE AMOLED TV BY "Scalable Technologies".
        OLED Symposium 2009.
[97].   Liu, (2007). "Materiais de transporte de carga fotoactivados e de carga normalizável e o seu OLED".
        Cartas de Física Aplicada. 90 (23): 233503.
[98].   Boroson, (2005).
        "16.5L: Noticiário-Papel de última hora: Patterização de cores OLED sem contacto por radiação - induzida por radiação
        Transferência de Sublimação (RIST)". SID Symposium Digest of Technical Papers. 36: 972.
[99].   Grimaldi, I. A.; et al. (2010). Actas da Conferência da AIP. Actas da Conferência da AIP.
        Vol. 1255. pp. 104-106.
[100]. Bower, C. A.; et al. (2011).
        "Transfer-Printed Microscale Integrated Circuits High Performance Display Backplanes".
        Transacções IEEE sobre Componentes, Embalagem e Tecnologia de Fabrico. 1 (12): 1916–1922.
[101]. "CPT imec demonstra um padrão OLED de 1250 PPI OLED usando o processo de fotolitografia".
        Oled-info.com.
[102]. Sasaoka, T.; et al. (2001).
        "24,4L: Papel de 13,0 polegadas AM-OLED Display Programmed Pixel Circuit (TAC)".
        SID Symposium Digest of Technical Papers.
[103]. Tsujimura, T.; et al. (2003).
        "4.1: Um ecrã OLED de 20 polegadas impulsionado pela tecnologia Super-Amorphous-Silicon". SID
        Symposium Digest of Technical Papers. 34: 6.
[104]. Pardo, Dino A.; Jabbour, G. E.; Peyghambarian, N. (2000).

"Aplicação da serigrafia no fabrico de dispositivos emissores de luz orgânicos".
Materiais avançados. (12-17): 1249–1252.
[105]. Malcolm Owen (2018).
"MicroLED vs. TFT e OLED": Porque é que a Apple está interessada no iPhone ou no Apple Watch".
[106]. Gustafsson, G.; et al. (1992).
"Díodos emissores de luz flexíveis feitos de polímeros condutores solúveis".
Natureza. 357 (6378): 477–479.
[107]. "Comparação de OLED e LCD". Fraunhofer IAP: Pesquisa OLED. 18 de Novembro de 2008.
Arquivado a 4 de Fevereiro de 2010. Recuperado a 25 de Janeiro de 2010.
[108]. Zhang, Mingxiao; Chen, Z.; Xiao, L.; Qu, B.; Gong, Q. (18 de Março de 2013).
"Desenho óptico para melhorar as propriedades ópticas do OLED de saída superior". Diário de
Física Aplicada. 113 (11): 113105–113105.
[109]. "LG 55EM9700". 2 de Janeiro de 2013. Arquivado a 15 de Janeiro de 2015. Recuperado a 14 de Janeiro de 2015.
[110]. "Porque é que alguns OLEDs têm o Movimento Borrão?". Blur Busters Blog (baseado em Microsoft
Trabalho de investigação). 15 de Abril de 2013. Arquivado a 3 de Abril de 2013. Recuperado a 18 de Abril de 2013.
[111]. "OLED TV estimou um tempo de vida mais curto do que o esperado". HDTV Info Europe. Hdtvinfo.eu
(2008-05-08).
[112]. Manual do monitor HP. CCFL-Backlit LCD. Página 2. Webcitation.org. Recuperado em 2011-10-04.
[113]. Manual do Monitor Viewsonic. LCD retro-iluminado por LED. Webcitation.org. Recuperado em 2011-10-04.
[114]. Phatak, Radhika.
"Dependência do crescimento da mancha escura na aderência catódica/orgânica interfacial em OLED".
UWSpaceuwaterloo.ca. Universidade de Waterloo.
p. 21. Recuperado a 22 de Abril de 2019.
[115]. "LG: A duração da TV OLED é agora de 100.000 horas - FlatpanelsHD". Flatpanelshd.com.
[116]. "Será que a HDR matará a sua televisão OLED?". TechHive.com. 27 de Junho de 2018.
[117]. "Cópia arquivada". Energy.gov. Arquivado em 26 de Fevereiro de 2017. Recuperado a 15 de Janeiro de 2022.
[118]. A recolha eventual ou gradual de algo.
[119]. A energia absorvida por um material é libertada sob a forma de fótons. Geralmente estes
Os fótons contêm a mesma energia ou menos do que os inicialmente absorvidos. Este efeito é como
Os LEDs criam luz.
[120]. Kondakov, D; Lenhart, W.; Nochols, W. (2007).

"Degradação operacional do OLED: Mecanismo e identificação de produtos químicos".
Journal of Applied Physics. 101 (2): 024512–024512–7.
[121]. "A esperança de vida OLED duplicou?". HDTV Info Europe. Hdtvinfo.eu (2008-01-25).
[122]. Toshiba e Panasonic vida dupla de OLED, 25 de Janeiro de 2008,
Toshiba e Panasonic vida dupla de OLED.
[123]. Tecnologia de Exposição Cambridge, Exposição Cambridge. Marco histórico a 1,000 cd/sq.m, 26
Março de 2007. Recuperado a 11 de Janeiro de 2011. Arquivado a 26 Dez. 2010 no WaybackMachine.
[124]. "OLED Lifetime: introdução e estatuto de mercado | OLED-Info". Oled-info.com.
Recuperado a 18 de Abril de 2019.
[125]. "Encapsulamento OLED". Saesgetters.com.
[126]. "Sistemas de Produção OLED": ELVESS". Tokki.canon. Recuperado a 5 de Março de 2022.
[127]. "Impressão de displays OLED: chegou finalmente a sua hora?". Idtechex.com. 27 de Fevereiro de 2019.
[128]. "OLED ink jet printing: introdução e estado do mercado". Oled-info.com.
[129]. "A impressão a jacto de tinta é a resposta aos desafios da produção OLED?". Visão Radiante
Sistemas. 29 de Julho de 2019.
[130]. "Encapsulamento OLED: introdução e estatuto do mercado | OLED-Info". Oled-info.com.
[131]. "Here's Why We Think Galaxy Folds Are Failing". iFixit.com. 2019.
[132]. "OLED sem idade". Arquivado a 8 de Setembro de 2007. Recuperado a 16 de Novembro de 2009.
[133]. Fallahi, Afsoon; et al. (2014).
"Um novo polímero ambipolar: de díodos orgânicos emissores de luz de película fina azul".
Journal of Materials Chemistry C. 2 (32): 6491.
[134]. Shen, Jiun Yi; (2005). "High Tg blue emitting materials for electroluminescent devices".
Journal of Materials Chemistry. 15 (25): 2455.
[135]. Kim, Seul Ong; et al. (2010).
"Um OLED azul fluorescente profundo altamente eficiente baseado em conter materiais emissores".
Metais Sintéticos. 160 (11–12): 1259–1265.
[136]. Wong M. Y., et al.
"As células electroquímicas emissoras de luz e os processos de solução retardam os emissores de fluorescência",
Chemistry of Materials, vol. 27, no. 19, pp. 6535-6542.
[137]. Zhang, Hui; et al. (2021).
"Síntese e caracterização de derivados cumarínicos baseados em SFX para OLEDs".
Corantes e Pigmentos. 185: 108969. ISSN 0143-7208
[138]. Han, Jianmei; et al. (2022). Ciência Química. 13 (12): 3402–3408. ISSN 2041-6520.

[139]. "Kyulux assina acordos JDA com emissores TADF/HF prontos até meados de 2019 | OLED-Info".

[140]. "Cynora para apresentar o seu mais recente emissor de TADF azul na Cimeira Mundial de OLEDs OLED-Info".

[141]. "Processo de Selagem OLED Reduz a Intrusão de Água e Aumenta o Tempo de Vida". Tecnologia da Geórgia
Notícias de Investigação. 23 de Abril de 2008. Arquivado a 8 de Julho de 2008.

[142]. "DisplayMate: a tela GS5 é a melhor tela móvel de sempre, OLED e painéis LCD". Oled-info.com. Arquivado a 3 de Abril de 2014.

[143]. Stokes, Jon. (2009-08-11) Este Setembro, OLED já não está "a três ou cinco anos de distância".
Arquivado em 2012-01-25 na Wayback Machine. Arstechnica.com. Recuperado em 2011-10-04.

[144]. "Equipamento de fabrico". Oled-info.com.

[145]. Alpeyev, Pavel; Taniguchi, Takako (24 de Abril de 2017).
"À frente do próximo iPhone, Idemitsu Kosan lidera depois de desenvolver o ecrã OLED".
The Japan Times Online. ISSN 0447-5763. Recuperado em 31 de Maio de 2018.

[146]. Alpeyev, Pavel; Amano, Takashi (21 de Dezembro de 2016).
"Apple's Search for Better iPhone Screens Leads to Japan's Rice Fields".
Bloomberg.com. Recuperado em 31 de Maio de 2018.

[147]. "Empresas de materiais OLED". Oled-info.com.

[148]. "OLED-Info Q&A com Toshiki Mizoe, gerente de vendas no estrangeiro, Tokki Corporation".
Oled-info.com.

[149]. Nguyen, Tuan C. (2015). "O que precisa de saber sobre a iluminação OLED".
O Washington Post. ISSN 0190-8286. Recuperado a 22 de Setembro de 2017.

[150]. Michael Kanellos, "Start-up creates flexible sheets of light", CNet News.com, 6 de Dezembro
2007. Recuperado a 20 de Julho de 2008.

[151]. "Philips Lumiblades". Lumiblade.com. 9 de Agosto de 2009. Recuperado a 17 de Agosto de 2009.

[152]. Sessão Controlador de Fronteiras Arquivada 2012-07-10 na Wayback Machine. Tmcnet.com
(2011-09-13). Recuperado em 2012-11-12.

[153]. Notícias Electrónicas, OLEDs Substituição de LCDs em Telemóveis Arquivados 2016-10-11 em
The Wayback Machine, 7 de Abril de 2005. Recuperada a 5 de Setembro de 2016.

[154]. "O HTC abandona o ecrã Samsung AMOLED para os Super LCDs da Sony".
Intr. Business Times. 26 de Julho de 2010. Arquivado a 1 de Outubro de 2011. Recuperado a 30 de Julho de 2010.

[155]. "Google Nexus S para apresentar o LCD Super Clear na Rússia (provavelmente também noutros países)".
UnwiredView.com. 7 Dez. 2010. Arquivado em 10 Dez. 2010. Recuperado a 8 Dez. 2010.

[156]. "ANWELL: Maior lucro, maiores margens para o futuro". nextinsight.com. 15 de Agosto
2007. Arquivado a 21 de Março de 2012. Recuperado a 27 de Agosto de 2010.
[157]. "AUO". OLED-Info.com. 21 de Fevereiro de 2012. Arquivado a 24 de Janeiro de 2012.
[158]. "Chi Mei EL (CMEL)". OLED-Info.com. Arquivado a 5 de Janeiro de 2016.
[159]. "LG OLEDs". OLED-Info.com. Arquivado em 31 de Janeiro de 2016.
[160]. "Empresas OLED". OLED-info.com. Arquivado a 21 de Fevereiro de 2016.
[161]. "DuPont Creates 50" OLED in Under 2 Minutes". tomsguide.com. Arquivado em 20 de Maio
2010. Recuperado a 10 de Junho de 2010.
[162]. "DuPont Delivers OLED Technology Scalable for Television". www2.dupont.com. 12
Maio de 2010. Arquivado a 20 de Maio de 2010. Recuperado a 12 de Maio de 2010.
[163]. OLED-Info.com, Kodak Assina o Acordo de Licença Cruzada OLED. Arquivado em 2007-07-07 em
a Máquina Wayback. Recuperada a 14 de Março de 2008.
[164]. "OLED-Info Flexible OLED". Oled-info.com. Arquivado do original em 11 de Março
2017. Recuperado a 25 de Março de 2017.
[165]. "Samsung Galaxy X: a história do telefone dobrável da Samsung até agora". TechRadar.
Arquivado a 30 de Janeiro de 2017. Recuperado a 25 de Março de 2017.
[166]. "O fabricante de expositores Royole mostra o 'primeiro' smartphone flexível R do mundo". Theinquirer.net. 1
Novembro de 2018. Arquivado em 1 de Novembro de 2018. Recuperado a 27 de Novembro de 2019.
[167]. Warren, Tom (20 de Fevereiro de 2019). "O telefone dobrável da Samsung é o Galaxy Fold de $1,980".
Theverge.xom. Recuperado a 16 de Agosto de 2019.
[168]. Frumusanu, Andrei. "Huawei Lança o Mate X: Dobrando numa Nova Direcção".
Anandtech.com. Recuperado a 16 de Agosto de 2019.
[169]. Yeung, Frederick (2019).
"BOE Technology: a empresa por detrás do telefone dobrável Huawei Mate X". Medium.com.
Recuperado a 16 de Agosto de 2019.
[170]. "CHUNGHWA PICTURE TUBES, LTD. - intro_Tech". Arquivo.ph. 23 de Dezembro de 2019.
Arquivado em 23 de Dezembro de 2019.
[171]. Cherenack, K.; (Abril de 2012). "Os têxteis fotónicos inteligentes começam a tecer a sua magia". Laser
Focus World. 48 (4): 63.
[172]. "OLEDs em exposição - NOVALED | Criando a Revolução OLED". Novaled.com.
Recuperado em 27 de Novembro de 2019.
[173]. "OLED": Nova Estrela do Ecrã Pequeno". PCWorld.com. 1 de Março de 2005. Recuperado 27

Novembro de 2019.
[174]. "Company History English". Yazaki-europe.com. Recuperado a 5 de Março de 2022.
[175]. "OLEDs Now Lighting Up Automobiles, Report Says - ExtremeTech". ExtremeTech.com.
Recuperado em 27 de Novembro de 2019.
[176]. "Samsung SDI - O maior fabricante de expositores OLED do mundo". Oled-info.com. Arquivado em
22 de Junho de 2009. Recuperado a 17 de Agosto de 2009.
[177]. "Samsung, LG em luta legal pela fuga de cérebros". The Korea Times. 17 de Julho de 2010. Arquivado em
em 21 de Julho de 2010. Recuperado a 30 de Julho de 2010.
[178]. "A Frost & Sullivan reconhece a liderança da Samsung SDI no mercado de expositores OLED".
Findarticles.com. 17 de Julho de 2008. Arquivado a 22 de Maio de 2009.
Recuperado a 17 de Agosto de 2009.
[179]. "O maior OLED de 21 polegadas do mundo para televisores da Samsung". Physorg.com. 4 de Janeiro de 2005.
Arquivado a 12 de Janeiro de 2009. Recuperado a 17 de Agosto de 2009.
[180]. Robischon, N. (2008). "O OLED de 31 polegadas da Samsung é o maior, o mais fino ainda - AM-OLED".
Gizmodo.com. Arquivado a 10 de Agosto de 2009. Recuperado a 17 de Agosto de 2009.
[181]. Ricker, Thomas (2008). "O conceito de portátil OLED de 12,1 polegadas da Samsung torna-nos desmaiosos".
Engadget.com. Arquivado a 7 de Outubro de 2009. Recuperado a 17 de Agosto de 2009.
[182]. "Samsung": Cadernos OLED Em 2010". TrustedReviews.com. Arquivado em 16 de Abril de 2009.
Recuperado a 17 de Agosto de 2009.
[183]. Takuya O. ; Nikkei Electronics (2008). "[FPDI] Samsung Unv. OLED Panel - Tech-On!".
Techon.nikkeibp.co.jp. Arquivado a 27 de Novembro de 2008.
Recuperado a 17 de Agosto de 2009.
[184]. "LG lançou a maior televisão OLED do mundo, com um ecrã de 88 polegadas e 8K". 5 de Maio de 2020.
[185]. "Samsung apresenta o primeiro e maior portátil OLED transparente do mundo no CES". 7 de Janeiro
2010. Arquivado a 11 de Janeiro de 2010.
[186]. "CES: Samsung mostra o OLED num cartão fotográfico". 7 de Janeiro de 2010. Arquivado em 20
Dezembro de 2011. Recuperado a 10 de Janeiro de 2010.
[187]. "Anunciada a exposição Samsung Super AMOLED Plus". Arquivado a 9 de Janeiro de 2011.
Recuperado a 6 de Janeiro de 2011.
[188]. Clark, Shaylin (12 de Janeiro de 2012). "CES 2012 A TV OLED da Samsung ganha prémios".

WebProNews. Arquivado a 24 de Novembro de 2012. Recuperado a 3 de Dezembro de 2012.

[189]. Rougeau, M. (2013). A TV OLED curva da Samsung proporciona uma experiência "semelhante à IMAX".

Arquivado em 2013-01-11 na Wayback Machine. Techradar. Recuperado em 2013-01-08.

[190]. Boylan, C. (2013). "Bring Out Your OLED": Samsung OLED TV Disponível $8999.99".

Arquivado em 2013-08-17 na Wayback Machine. Imagem Grande Som. Recuperado em 2013-08-13.

[191]. Alex L. (2013). "Vídeo da Galeria de TV: 4K e OLED Samsung, Sony, LG e Panasonic".

Recombu. Arquivado em 27 Sept. 2013. Recuperado a 26 de Setembro de 2013.

[192]. Sam B. (2013). "Samsung's Galaxy Round é o primeiro telefone com um visor curvo".

Theverge.com. Vox Media, Inc. Arquivado a 9 de Novembro de 2013. Recuperado a 10 de Nov. de 2013.

[193]. "As novas televisões Samsung de 2022 estão aqui, incluindo o seu primeiro OLED em quase uma década". CNN

Sublinhado. 31 de Março de 2022. Recuperado a 20 de Abril de 2022.

[194]. Welch, Chris (2022). "Vi a primeira televisão da Samsung QD-OLED de sempre, e é impressionante".

A Verga. Recuperado a 20 de Abril de 2022.

[195]. "Sony's Clie PEG-VZ90 - a Palm? mais cara do mundo". Engadget.com. 14

Setembro de 2004. Arquivado a 9 de Fevereiro de 2010. Recuperado a 30 de Julho de 2010.

[196]. "Página da Comunidade MD": Sony MZ-RH1". Minidisc.org. 24 de Fevereiro de 2007. Arquivado em 20

Maio de 2009. Recuperado a 17 de Agosto de 2009.

[197]. "Lançadas as especificações do Sony NWZ-X1000-series OLED Walkman". Slashgear. 9 de Março de 2009.

Arquivado a 4 de Fevereiro de 2011. Recuperado a 1 de Janeiro de 2011.

[198]. "Sony anuncia uma TV OLED de 27 polegadas (69 cm)". HDTV Info Europe (2008-05-29)

[199]. CNET News, Sony vai vender OLED TV de 11 polegadas este ano, 12 de Abril de 2007. Recuperado a 28 de Julho

2007. Arquivado a 4 de Junho de 2007 na Wayback Machine

[200]. A Sony Drive XEL-1 OLED TV: 1.000.000:1 contraste a partir de 1 de Dezembro Arquivado

2007-10-04 na Wayback Machine, Engadget (2007-10-01).

[201]. "Sony reclama o desenvolvimento do primeiro ecrã OLED flexível e colorido do mundo". Gizmo

Observar. 25 de Maio de 2007. Arquivado a 17 de Outubro de 2007. Recuperado a 30 de Julho de 2010.

[202]. Os OLED de 3,5 e 11 polegadas da Sony são apenas 0,008 e 0,012 polegadas de espessura Arquivado 2016-01-

05 na Wayback Machine. Engadget (2008-04-16). Recuperado em 2011-10-04.

[203]. (Mostrar 2008)開幕。ソニーの0.3mm有機ELパネルなど-150型プラズマやビクター

の3D技術などArquivado em 2008-06-29 na Wayback Machine.

impress.co.jp (2008-04-16)

[204]. Empresas japonesas juntam-se em painéis OLED de poupança de energia, AFP (2008-07-10). Arquivados 5

Junho de 2013 na Wayback Machine

[205]. Athowon, Desire (2008). "Sony Working on Bendable, Folding OLED Screens".

ITProPortal.com. Arquivado a 9 de Outubro de 2008.

[206]. "Sony OLED 3D TV eyes-on". Engadget.com. Arquivado a 10 de Janeiro de 2010. Recuperado em

11 de Janeiro de 2010.

[207]. Snider, Mike (28 de Janeiro de 2011). "Sony revela o NGP, o seu novo dispositivo de jogo portátil".

USA Today. Recuperado a 27 de Janeiro de 2011.

[208]. "Sony Professional Reference Monitor". Sony. Arquivado a 8 de Março de 2012. Recuperado em 17

Fevereiro de 2011.

[209]. "Sony, Panasonic tying up in advanced TV displays". 25 de Junho de 2012.

[210]. "Televisões | Televisões inteligentes, 4K e TVs de ecrã plano LED | Sony US". Sony.com.

[211]. "Sony no CES 2017: Tudo o que precisa de saber". Engadget.com.

[212]. "Veja o evento CES 2018 da Sony aqui mesmo às 20h ET". Engadget.com.

[213]. "Em directo do evento de imprensa CES 2019 da Sony". Engadget.com.

[214]. Barrett, Brian (2009). "Kodak's Slow Fade": Inventor de OLED vende negócios OLED".

Gizmodo.com. Recuperado a 5 de Outubro de 2019.

[215]. Byrne, Seamus. "LG diz que o OLED branco coloca-o uma década à frente dos concorrentes". Cnet.com.

Recuperado a 6 de Outubro de 2019.

[216]. LG 15EL9500 OLED Televisão Arquivada 2012-04-14 na Wayback Machine. Lg.com.

Recuperado em 2011-10-04.

[217]. LG anuncia 31" OLED 3DTV. Arquivado em 2016-03-04 na Wayback Machine. Electricpig.co.uk (2010-09-03). Recuperado em 2011-10-04.

[218]. O painel OLED HDTV da LG, de 55 polegadas, "o maior do mundo", é oficial, vindo para o CES 2012.

Arquivado em 2011-12-26 na Wayback Machine. Engadget (2011). Recuperado em 2012-11-12.

[219]. OLED TV. LG (2010-09-03). Recuperado em 2012-12-21.

[220]. "Yahoo Finance - Finanças Empresariais, Bolsa de Valores, Cotações, Notícias". Finance.yahoo.com.

Arquivado a 31 de Janeiro de 2015.

[221]. Mitsubishi ELECTRIC News Releases instala globo OLED de 6 metros no Museu da Ciência

Arquivado em 2012-07-23 na Wayback Machine. Mitsubishielectric.com (2011-06-01).
Recuperado em 2012-11-12.
[222]. Coxworth, Ben (2011). As etiquetas de nomes de vídeo transformam os vendedores em anúncios de televisão ambulante
Arquivado em 2011-12-22 na Wayback Machine. Gizmag.com. Recuperado em 2012-11-12.
[223]. Três Minutos de Vídeo Cada Emissora e Anunciante DEVE VER.avi - CBS 1
Arquivado em 2012-07-23 na Wayback Machine. Firstpost.com. Recuperado em 2012-11-12.
[224]. "A Dell revela um espantoso ecrã 4K OLED UltraSharp e declara guerra às luneis". PCWorld. Recuperado a 20 de Junho de 2017.
[225]. "Monitor OLED: estado do mercado e actualizações". Oled-info.com. Recuperado a 20 de Junho de 2017.
[226]. "A Apple revela um MacBook Pro mais fino com uma 'Barra de Toque OLED'". Engadget. Recuperado em
22 de Setembro de 2017.
[227]. "OLED vs LCD: Como o visor do iPhone X muda tudo". Macworld. Recuperado em
22 de Setembro de 2017.
[228]. "Nintendo Switch OLED modelo - Nintendo - Site Oficial". Nintendo.com. Recuperado 6
Julho de 2021.
[229]. Empresa japonesa duplica o tempo de vida útil do painel de díodos. Arquivado 2014-10-29
na Wayback Machine, Global Post, 13 de Outubro de 2014
[230]. De Moléculas a Díodos Emissores de Luz Orgânicos. Arquivado em 2015-04-15
na Wayback Machine, Max Planck Institute for Polymer Research, 7 de Abril de 2015.
[231]. Kordt, Pascal; et al. (2015).
"Modelação de Díodos Emissores de Luz Orgânicos": De Molecular a Propriedades do Dispositivo".
Materiais Funcionais Avançados. 25 (13): 1955–1971.
[232]. "A Samsung está a trabalhar numa câmara de frente para o ecrã". GSMArena.com. Recuperado em
16 de Agosto de 2019.
[233]. "08-05: Os iPhones da Apple 2021 virão alegadamente com sensores; o Huawei é alegadamente".
Instantflashnews.com. 5 de Agosto de 2019. Recuperado a 16 de Agosto de 2019.
[234]. "Cabelo humano descartado voltou a ter o propósito de fazer novos ecrãs OLED". Novo Atlas. 5 de Junho de 2020.
[235]. Exposição, Nova Visão (12 de Fevereiro de 2018). Item Wikidata

Capítulo (4)
Poluição Plástica

4.1. Introdução

A poluição plástica é a acumulação de objectos e partículas de plástico (por exemplo, garrafas, sacos e microesferas de plástico) no ambiente terrestre que afecta negativamente os seres humanos, a vida selvagem e o seu habitat [1, 2]. Os plásticos que actuam como poluentes são categorizados por tamanho em micro, meso-, ou macro detritos [3]. Os plásticos são baratos e duráveis, tornando-os muito adaptáveis para diferentes utilizações; como resultado, os fabricantes optam por utilizar o plástico em detrimento de outros materiais [4]. No entanto, a estrutura química da maioria dos plásticos torna-os resistentes a muitos processos naturais de degradação e, como resultado, são lentos a degradar-se [5]. Juntos, estes dois factores permitem que grandes volumes de plástico entrem no ambiente como lixo mal gerido e que este persista no ecossistema.

A poluição plástica afecta mares, praias, rios e terra

- Tartaruga marinha marinha de azeitona enredada numa rede fantasma nas Maldivas
- Poluição plástica da praia de Sharm el-Naga, perto de Safaga, Egipto
- Pilhas de lixo plástico na "ilha do lixo" de Thilafushi, autorizada pelo governo
- Um afluente do rio Wouri em Douala, Camarões, completamente entupido de plástico.
- Canadá Garrafa de plástico seco em trilho de caminhadas nos Estados Unidosadjacente a um trilho de caminhadas urbano.

A poluição plástica pode afligir a terra, os cursos de água e os oceanos. Estima-se que 1,1 a 8,8 milhões de toneladas de resíduos plásticos entram anualmente no oceano provenientes de comunidades costeiras [6]. Estima-se que existe um stock de 86 milhões de toneladas de resíduos plásticos marinhos no oceano mundial a partir do final de 2013, com um pressuposto de que 1,4% dos plásticos globais produzidos entre 1950 e 2013 tenham entrado no oceano e aí se acumulado [7]. Alguns investigadores sugerem que até 2050 poderá haver mais plástico do que peixe nos oceanos em termos de peso [8]. Os organismos vivos, particularmente os animais marinhos, podem ser prejudicados quer por efeitos mecânicos como o enredamento em objectos plásticos, problemas relacionados com a ingestão de resíduos plásticos, quer através da exposição a químicos dentro dos plásticos que interferem com a sua fisiologia. Os resíduos plásticos degradados podem afectar directamente os seres humanos através do consumo directo (ou seja, na água da torneira), do consumo indirecto (por ingestão de animais), e da perturbação de vários mecanismos hormonais.

Desde 2019, são produzidas 368 milhões de toneladas de plástico por ano; 51% na Ásia, onde a China é o maior produtor mundial [9]. Desde os anos 50 até 2018, foram produzidas cerca de 6,3 mil milhões de toneladas de plástico em todo o mundo, das quais cerca de 9% foram recicladas e outros 12% foram incineradas [10]. Esta grande quantidade de resíduos plásticos entra no ambiente e causa problemas em todo o ecossistema; por exemplo, estudos sugerem que os corpos de 90% das aves marinhas contêm detritos plásticos [11, 12]. Em algumas áreas têm sido desenvolvidos esforços significativos para reduzir a proeminência da poluição por plástico ao ar livre, através da redução do consumo de plástico, da limpeza do lixo, e da promoção da reciclagem do plástico [13, 14].

A partir de 2020, a massa global de plástico produzido excede os biomasso de todos os animais terrestres e marinhos combinados [15]. Uma emenda de Maio de 2019 à Convenção de Basileia regulamenta a exportação/importação de resíduos plásticos, em grande parte destinada a impedir a expedição de resíduos plásticos de países desenvolvidos para países em desenvolvimento. Quase todos os países aderiram a este acordo [16-19]. A 2 de Março de 2022, em Nairobi, 175 países comprometeram-se a criar um acordo juridicamente vinculativo até ao final do ano 2024 com o objectivo de acabar com a poluição por plásticos [20].

A quantidade de resíduos plásticos produzidos aumentou durante a pandemia de COVID-19 devido ao aumento da procura de equipamento de protecção e materiais de embalagem [21]. Quantidades mais elevadas de plástico acabaram no oceano, especialmente plástico proveniente de resíduos médicos e máscaras [22, 23]. Vários noticiários apontam para uma indústria de plástico a tentar tirar partido das preocupações de saúde e do desejo de máscaras e embalagens descartáveis para aumentar a produção de plástico de uso único [24-27].

4.2. Causas

Há estimativas diferentes sobre a quantidade de resíduos plásticos produzidos no século passado. Por uma estimativa, mil milhões de toneladas de resíduos plásticos foram descartados desde os anos 50 [28]. Outros estimam uma produção humana acumulada de 8,3 mil milhões de toneladas de plástico, das quais 6,3 mil milhões de toneladas são resíduos, sendo apenas 9% reciclados [29, 30].

Estima-se que estes resíduos são compostos por 81% de resina polimérica, 13% de fibras poliméricas e 32% de aditivos. Em 2018 foram produzidos mais de 343 milhões de toneladas de resíduos plásticos, 90% dos quais eram compostos por resíduos plásticos pós-consumo (resíduos plásticos industriais, agrícolas, comerciais e muni-cipais). O resto eram resíduos pré-consumo da produção e fabrico de produtos plásticos (por exemplo, materiais rejeitados devido a cor, dureza, ou características de processamento inadequadas) [30].

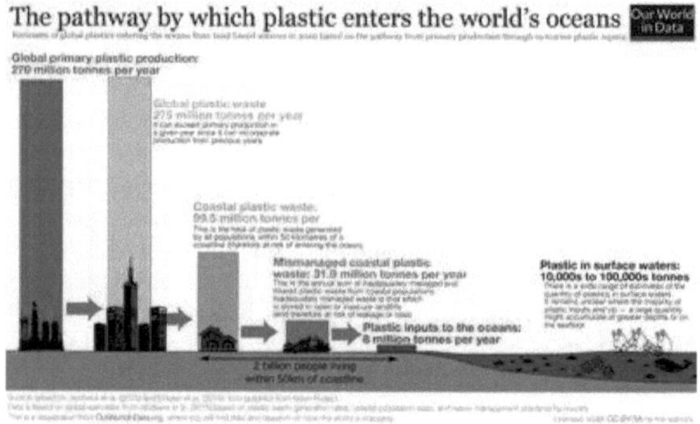

O caminho pelo qual o plástico entra nos oceanos do mundo.

Uma grande proporção dos resíduos plásticos pós-consumo consiste em embalagens de plástico. Nos Estados Unidos, as embalagens plásticas foram estimadas em 5% dos RSU. Esta embalagem inclui garrafas de plástico, potes, cuba e bandejas, sacos de compras de películas de plástico, sacos de lixo, plástico ou plástico esticado e espumas de plástico, por exemplo, poliestireno expandido (EPS). Os resíduos plásticos são produzidos em sectores que incluem a agricultura (por exemplo, tubos de irrigação, coberturas de estufas, vedações, pellets, coberturas de palha; construção (por exemplo, tubos, tintas, pavimentos e coberturas, isolantes e vedantes); porta-transportes (por exemplo, pneus raspados, superfícies de estradas e marcações de estradas); equipamento electrónico e eléctrico (e-waste); e produtos farmacêuticos e de saúde. A quantidade total de resíduos plásticos gerados por estes sectores é incerta [30].

Vários estudos tentaram quantificar as fugas de plástico para o ambiente, tanto a nível nacional como global, o que evidenciou a dificuldade de determinar as fontes e quantidades de todas as fugas de plástico. Um estudo global estimou que entre 60 e 99 milhões de toneladas de resíduos de plástico mal geridos foram produzidas em 2015. Borrelle et al. 2020 estimou que 19-23 milhões de toneladas de resíduos plásticos entraram nos ecossistemas aquáticos em 2016. enquanto que os Pew Charitable Trusts e o SYSTEMIQ (2020) estimaram que 9-14 milhões de toneladas de resíduos plásticos acabaram nos oceanos no mesmo ano.

Apesar dos esforços globais para reduzir a geração de resíduos plásticos, prevê-se que as perdas para o ambiente aumentem. A modelização indica que, sem grandes intervenções, entre 23 e 37 milhões de toneladas por ano de resíduos plásticos poderiam entrar nos oceanos até 2040 e entre 155 e 265 milhões de toneladas por ano poderiam ser descarregadas no ambiente até 2060. Num cenário de manutenção do status quo, tais aumentos seriam provavelmente atribuíveis a um aumento contínuo da produção de produtos plásticos, impulsionado pela procura dos consumidores, acompanhado de melhorias insuficientes na gestão de resíduos. Dado que os resíduos plásticos libertados no ambiente já têm um impacto significativo nos ecossistemas, um aumento desta magnitude poderia ter consequências dramáticas [30].
O comércio de resíduos plásticos foi identificado como "um dos principais culpados" do lixo marinho.[a]Os países que importam os resíduos plásticos carecem frequentemente da capacidade de processar todo o material. Como resultado, as Nações Unidas impuseram uma proibição ao comércio de resíduos de plástico, a menos que este cumpra certos critérios [b].

4.3. Tipos de Detritos Plásticos

Limpeza de praias no Gana

Existem três grandes formas de plástico que contribuem para a poluição plástica: micro, macro, e mega-plásticos. Os mega- e microplásticos acumularam-se nas maiores densidades no Hemisfério Norte, concentrando-se em torno de centros urbanos e frentes de água. O plástico pode ser encontrado ao largo da costa de algumas ilhas, devido às correntes que transportam os detritos. Tanto mega- como macro-plásticos são encontrados em embalagens, calçado e outros artigos domésticos que foram lavados de navios ou descartados em aterros sanitários. Os artigos relacionados com a pesca são mais susceptíveis de serem encontrados em redor de ilhas remotas [32, 33]. Estes também podem ser referidos como micro, meso-, e macro detritos.

Garrafa plástica presa na margem do rio.

Os detritos são categorizados como primários ou secundários. Os plásticos primários estão na sua forma original quando recolhidos. Exemplos destes seriam tampas de garrafas, pontas de cigarro e micro-miçangas [34]. Os plásticos secundários, por outro lado, são responsáveis por plásticos mais pequenos que resultaram da degradação dos plásticos primários [35].

4.3.1. Microdebris

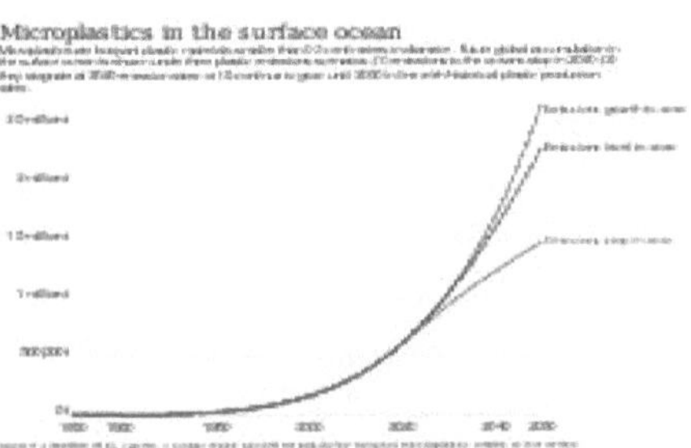

**Micro-plásticos no oceano de superfície 1950-2000 e projecções
em milhões de toneladas métricas.**

Os microdebris são peças de plástico de tamanho entre 2 mm e 5 mm [33]. Os detritos plásticos que começam como meso- ou macro-debris podem tornar-se micro-debris através de degradação e colisões que os decompõem em peças mais pequenas [3]. Os microdebris são mais comummente referidos como obstáculos[3]. Os entalhes são reciclados para fazer novos artigos de plástico, mas acabam facilmente por ser libertados para o ambiente durante a produção devido ao seu pequeno tamanho. Acabam frequentemente em águas oceânicas através de rios e riachos [3]. Os microdebris provenientes de produtos de limpeza e cosméticos são também referidos como depuradores. Uma vez que os microdestruidores e depuradores são tão pequenos em tamanho, os organismos que os alimentam, muitas vezes consomem-nos [3].

Nurdlesenter o oceano através de derrames durante o transporte ou a partir de fontes terrestres. A Ocean Conservancy relatou que a China, Indonésia, Filipinas, Tailândia, e Vietname despejam mais plástico no mar do que todos os outros países juntos [36]. Estima-se que 10% dos plásticos no oceano são absorventes, tornando-os um dos tipos mais comuns de poluição plástica, juntamente com sacos de plástico e recipientes para alimentos [37, 38]. Estes microplásticos podem acumular-se nos oceanos e permitir a acumulação de Toxinas Bio-acumuláveis Persistentes tais como bisfenol A, poliestireno, DDT, e PCB's, que são hidrofóbicos na natureza e podem causar efeitos adversos na saúde [39, 40].

4.3.2. Quantidades, localizações, rastreio e correlações do microdebris

Um estudo de Richard Thompson da Universidade de Plymouth, Reino Unido, de 2004, encontrou uma grande quantidade de microdebris nas praias e nas águas da Europa, Américas, Austrália, África, e Antárctida [5]. Thompson e os seus associados descobriram que pellets plásticos de fontes domésticas e industriais estavam a ser decompostos em pedaços de plástico muito mais pequenos, alguns com um diâmetro inferior ao do cabelo humano [5]. Se não for ingerido, este microdebris flutua em vez de ser absorvido pelo ambiente marinho. Thompson prevê que possa haver 300.000 peças de plástico por quilómetro quadrado de superfície do mar e 100.000 partículas de plástico por quilómetro quadrado de fundo do mar[5]. A International Pellet Watch recolheu amostras de pellets de polietileno de 30 praias em 17 países, que foram analisadas para micro-poluentes orgânicos. Verificou-se que os pellets encontrados nas praias dos EUA, Vietname e África Austral continham compostos de pesticidas que sugeriam um elevado uso de pesticidas nas áreas [41]. Em 2020 os cientistas criaram o que pode ser a primeira estimativa científica da quantidade de microplástico que reside actualmente no fundo do mar da Terra, após terem investido em seis áreas de ~3 km de profundidade ~300 km ao largo da costa australiana. Descobriram que a contagem de microplásticos altamente variável é proporcional ao plástico na superfície e no ângulo da inclinação do fundo do mar. Ao calcular a média da massa de microplástico por cm3, estimaram que o fundo do mar da Terra contém ~14 milhões de toneladas de microplástico - cerca do dobro da quantidade que estimaram com base em dados de estudos anteriores - apesar de chamarem a ambas as estimativas "conservadoras", uma vez que se sabe que as áreas costeiras contêm muito mais microplástico. Estas estimativas são cerca de uma a duas vezes a quantidade de pensamento plástico - por Jambeck et al., 2015 - a entrar actualmente nos oceanos anualmente [42-44].

4.3.3. Macro-debris

Os sacos de plástico são um exemplo de macro-debris.

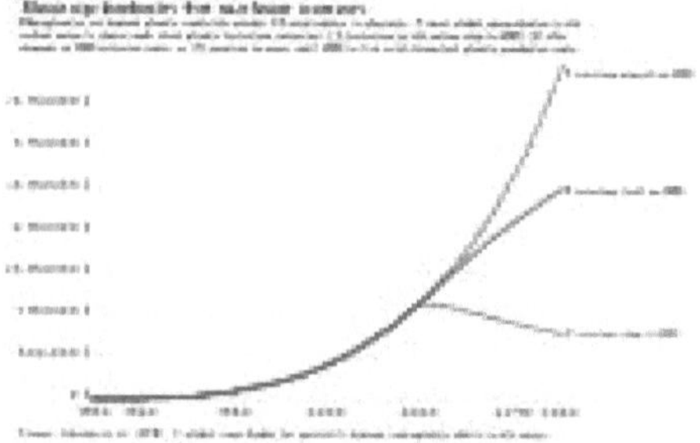

Macro-plásticos no oceano de superfície 1950-2000 e projecções em milhões de toneladas métricas.

Os detritos plásticos são categorizados como macro-debris quando são maiores do que 20 mm. Estes incluem artigos tais como sacos de plástico de mercearia [3]. Os macro-detritos são frequentemente encontrados em águas oceânicas, e podem ter um sério impacto nos organismos nativos. As redes de pesca têm sido os principais poluentes. Mesmo depois de terem sido abandonadas, continuam a apanhar organismos marinhos e outros detritos plásticos. Eventualmente, estas redes abandonadas tornam-se demasiado difíceis de remover da água porque se tornam demasiado pesadas, tendo crescido em peso até 6 toneladas [3].

4.4. Produção de Plástico

Estima-se que 9,2 mil milhões de toneladas de plástico tenham sido feitas entre 1950 e 2017. Mais de metade deste plástico tem sido produzido desde 2004. De todo o plástico descartado até à data, 14% foi incinerado e menos de 10% foi reciclado [30].

4.4.1. Decomposição dos Plásticos

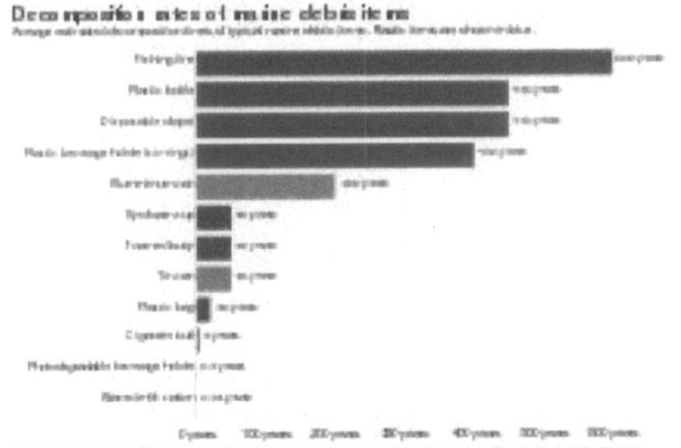

**Tempo médio estimado de decomposição do típico mar
artigos de escombros. Os artigos de plástico são mostrados a azul.**

Os próprios plásticos contribuem para aproximadamente 10% dos resíduos descartados. Existem muitos tipos de plásticos, dependendo dos seus precursores e do método para a sua polimerização. Dependendo da sua composição química, os plásticos e as resinas têm propriedades variáveis relacionadas com a absorção e adsorção de contaminantes. A degradação dos polímeros é muito mais prolongada em resultado do ambiente salino e do efeito de arrefecimento do mar. Estes factores contribuem para a persistência de detritos plásticos em certos ambientes [33]. Estudos recentes mostraram que os plásticos no oceano decompõem-se mais rapidamente do que se pensava, devido à exposição ao sol, chuva e outras condições ambientais, resultando na libertação de produtos químicos tóxicos como o bisfenol A. Contudo, devido ao aumento do volume de plásticos no oceano, a decomposição abrandou [45]. A Marine Conservancy previu as taxas de decomposição de vários produtos plásticos. Estima-se que um copo de espuma plástica levará 50 anos, um porta-bebidas de plástico levará 400 anos, uma fralda descartável levará 450 anos, e uma linha de pesca levará 600 anos para se degradar [5].

4.5. Poluentes Orgânicos Persistentes

Estimou-se que a produção global de plásticos é de aproximadamente 250 mt/ano. Verificou-se que a sua dança abun-dance transportou poluentes orgânicos persistentes, também conhecidos como POPs. Estes poluentes têm sido ligados a uma maior distribuição de algas associadas às marés vermelhas [33].

4.5.1. Poluentes Comerciais

Em 2019, o grupo Break Free from Plastic organizou mais de 70.000 voluntários em 51 países para recolher e identificar os resíduos plásticos. Estes voluntários recolheram mais de "59.000 sacos de plástico, 53.000 saquetas e 29.000 garrafas de plástico", tal como relatado pelo *The Guardian*. Quase metade dos artigos eram identificáveis por marcas de consumidores. As marcas mais comuns eram Coca-Cola, Nestlé, e Pepsico [46, 47]. De acordo com o coordenador global da campanha do projecto Emma Priest-land em 2020, a única forma de resolver o problema é parar a produção de plástico de uso único e utilizar produtos reutilizáveis em vez disso [48, 49]. A China é o maior consumidor de plástico de utilização única [50].

A Coca-Cola respondeu que "mais de 20% da nossa carteira vem em embalagens recarregáveis ou de fonte", estão a diminuir a quantidade de plástico em embalagens secundárias [51].

A Nestlé respondeu que 87% das suas embalagens e 66% das suas embalagens de plástico podem ser reutilizadas ou recicladas e, até 2025, querem que seja 100%. Até esse ano, querem reduzir o consumo de plástico virgem em um terço [52].

A Pepsico respondeu que pretende diminuir "o plástico virgem no nosso negócio de bebidas em 35% até 2025" e também expandir as práticas de reutilização e recarga o que deverá evitar 67 mil milhões de garrafas de uso único até 2025 [52].

4.5.2. Grandes Países Geradores de Resíduos Plásticos e Poluidores

Os Estados Unidos são o líder mundial na produção de resíduos plásticos, produzindo anualmente 42 milhões de toneladas métricas de resíduos plásticos [53, 54]. A produção per capita de resíduos plásticos nos Estados Unidos é mais elevada do que em qualquer outro país, com a média americana a produzir 130,09 quilo-gramas de resíduos plásticos por ano. Outros países de elevado rendimento, tais como os da UE-28 (geração anual per capita 58,56 kg), também têm uma elevada taxa de geração de resíduos plásticos per capita. Alguns países de elevado rendimento, tais como o Japão (geração anual por capital de 38,44 kg), produzem muito menos resíduos plásticos per capita [55, 56].

4.6. Poluição Plástica

A Academia Nacional das Ciências dos Estados Unidos estimou em 2022 que a entrada mundial de plástico no oceano era de 8 milhões de toneladas métricas de plástico por ano [57]. Um estudo realizado em 2021 pela The Ocean Cleanup estimou que os rios transportam entre 0,8 e 2,7 milhões de toneladas métricas de plástico para o oceano, e classificou estes países do rio. Os dez primeiros foram, do maior para o menor: Filipinas, Índia, Malásia, China, Indonésia, Mianmar, Brasil, Vietname, Bangladesh, e Tailândia [58].

4.6.1. Poluidores de Resíduos Plásticos Mal Geridos

Os 12 maiores poluidores de resíduos plásticos mal geridos [6, 59, 60]:

- China (27,7%)
- Indonésia (10,1%)
- Filipinas (5,9%)
- Vietname (5,8%)
- Sri Lanka (5,0%)
- Tailândia (3,2%)
- Egipto (3,0%)
- Malásia (2,9%)
- Nigéria (2,7%)
- Bangladeche (2,5%)
- África do Sul (2,0%)
- Índia (1,9%)
- Resto do mundo (27,3%)
- Todos os países da União Europeia juntos estariam em décimo oitavo lugar na lista [6, 59].

Em 2020, um estudo reviu a potencial contribuição dos EUA em 2016 para o plástico mal gerido [16]. Estimou que o plástico gerado pelos EUA poderia colocar os EUA atrás da Indonésia e da Índia em poluição oceânica, ou poderia colocar os EUA atrás da Indonésia, Índia, Tailândia, China, Brasil, Filipinas, Egipto, Japão, Rússia, e Vietname. Em 2022, estimava-se que todos os países da OCDE (América do Norte, Chile, Colômbia, Europa, Israel, Japão, Coreia do Sul) poderiam contribuir com 5% da poluição oceânica de plástico, com o resto do mundo a poluir 95% [61]. Desde 2016, a China deixou de importar plásticos para reciclagem e desde 2019 os tratados internacionais assinados por 187 países restringiram a exportação de plásticos para reciclagem [62, 63].

Um estudo de 2019 calculou os resíduos plásticos mal geridos, em milhões de toneladas métricas (Mt) por ano:
- 52 Mt - Ásia
- 17 Mt - África
- 7,9 Mt - América Latina e Caraíbas
- 3,3 Mt - Europa
- 0,3 Mt - EUA e Canadá

- 0,1 Mt - Oceânia (Austrália, Nova Zelândia, etc.)[64]

Total de poluidores de resíduos plásticos

Cerca de 275 milhões de toneladas de resíduos plásticos são geradas todos os anos em todo o mundo;
- entre 4,8 milhões e 12,7 milhões de toneladas são despejadas no mar.
- Cerca de 60% dos resíduos plásticos no oceano provêm dos seguintes 5 países do topo [65].
- O quadro abaixo lista os 20 principais países poluidores de resíduos plásticos em 2010 de acordo com um estudo publicado por *Science*, Jambeck *et al* (2015) [6, 59].

Os principais poluidores de plástico a partir de 2010.		
Posição	País	Poluição plástica (1000 toneladas por ano)
1	China	8820
2	Indonésia	3220
3	Filipinas	1880
4	Vietname	1830
5	Sri Lanka	1590
6	Tailândia	1030
7	Egipto	970
8	Malásia	940
9	Nigéria	850
10	Bangladeche	790
11	África do Sul	630
12	Índia	600
13	Argélia	520
14	Turquia	490
15	Paquistão	480
16	Brasil	470
17	Myanmar	460
18	Marrocos	310
19	Coreia do Norte	300
20	Estados Unidos da América	280

Todos os países da União Europeia, em conjunto, estariam em décimo oitavo lugar na lista [6, 59].

Num estudo publicado pela *Environmental Science & Technology*, Schmidt *et a l*(2017) calculou que 10 rios: dois em África (o Nilo e o Níger) e oito na Ásia (Ganges, Indus,

Yangtze, Hai He, Pearl, Mekong e Amur) "transportam 88-95% da carga global de plástico para o mar". [66-69].

As Ilhas das Caraíbas são os maiores poluidores de plástico per capita do mundo. Trinidad e Tobagoproduz 1,5 quilos de resíduos per capita por dia, é o maior poluidor de plástico per capita do mundo. Pelo menos 0,19 kg por pessoa por dia de resíduos plásticos de Trinidade e Tobago acabam no oceano, ou por exemplo Saint Luciawhich gera mais de quatro vezes a quantidade de resíduos plásticos per capita como a China e é responsável por 1,2 vezes mais resíduos plásticos per capita descartados de forma imprópria do que a China. Dos trinta principais poluidores globais per capita, dez são da região das Caraíbas. Estes são Trinidad e Tobago, Antígua e Barbuda, São Cristóvão e Nevis, Guiana, Barbados, Santa Lúcia, Bahamas, Granada, Anguila e Aruba, de acordo com um conjunto de estudos resumidos por *Forbes* (2019) [70].

4.7. Efeitos
4.7.1. Efeitos sobre o ambiente

A distribuição de detritos plásticos é altamente variável em resultado de certos factores tais como as correntes eólicas e oceânicas, a geografia costeira, as áreas urbanas, e as rotas comerciais. A população humana em certas áreas também desempenha um grande papel neste contexto. Os plásticos são mais susceptíveis de serem encontrados em regiões fechadas, tais como as Caraíbas. Serve como meio de distribuição de organismos para costas remotas que não são os seus ambientes nativos. Isto pode potencialmente aumentar a variabilidade e dispersão de organismos em áreas específicas que são menos biologicamente diversas. Os plásticos também podem ser utilizados como vectores de contaminantes químicos, tais como poluentes orgânicos persistentes e metais pesados [33].

Um homem e uma mulher a arrastar um saco de resíduos plásticos recolhidos na praia no Gana

A poluição plástica também afectou muito negativamente o nosso ambiente. "A poluição é significativa e generalizada, com detritos plásticos encontrados até nas zonas costeiras

119

mais remotas e em todos os habitats marinhos" [71]. Esta informação diz-nos quanto da consequente mudança que a poluição plástica provocou no oceano e mesmo nas costas.

Em Janeiro de 2022 um grupo de cientistas definiu um limite planetário para "entidades novas" (poluição, incluindo poluição plástica) e descobriu que já tinha sido ultrapassado. Segundo a co-autora Patricia Villarubia-Gómez do Centro de Resiliência de Estocolmo, "Desde 1950, a produção de produtos químicos tem vindo a aumentar 50 vezes. Prevê-se que isto volte a triplicar até 2050". Existem pelo menos 350.000 produtos químicos artificiais no mundo. Têm sobretudo "efeitos negativos na saúde planetária". Só o plástico contém mais de 10.000 produtos químicos e cria grandes problemas. Os investigadores apelam à limitação da produção química e à passagem à economia circular, ou seja, a produtos que podem ser reutilizados e reciclados [72].

O problema dos detritos plásticos oceânicos é omnipresente. Estima-se que 1,5 - 4,0 % da produção global de plásticos acaba todos os anos nos oceanos, principalmente como resultado de infra-estruturas e práticas deficientes de gestão de resíduos combinados com atitudes irresponsáveis em relação à utilização e eliminação de plásticos. A decomposição dos resíduos plásticos provoca a sua fragmentação em partículas que mesmo os pequenos invertebrados marinhos podem ingerir, contaminando assim a cadeia alimentar. O seu pequeno tamanho torna-os indetectáveis à sua fonte e extremamente difíceis de remover de ambientes oceânicos abertos [73]. No ambiente marinho, a poluição plástica causa "Entanglement, toxic-ological effects via ingestion of plastics, sufocation, starvation, dispersal, and rafting of organisms, provision of new habitats, and introduction of invasive species are significant ecolo-gical effects with growing threats to biodiversityand trophic relationships. A degradação (alterações no estado do ecossistema) e modificações dos sistemas marinhos estão associadas à perda de serviços e valores do ecossistema. Consequentemente, este contaminante emergente afecta os aspectos socioeconómicos através de impactos negativos no turismo, pesca, navegação e saúde humana" [74].

4.7.2. A Poluição Plástica como Causa da Mudança Climática

Em 2019 foi publicado um novo relatório "Plástico e Clima". De acordo com o relatório, em 2019, a produção e incineração de plástico irá contribuir com gases com efeito de estufa no equivalente a 850 milhões de toneladas de dióxido de carbono (CO_2) para a atmosfera. Na tendência actual, as emissões anuais provenientes destas fontes aumentarão para 1,34 mil milhões de toneladas até 2030. Até 2050, o plástico poderá emitir 56 mil milhões de toneladas de emissões de gases com efeito de estufa, até 14% do orçamento de carbono restante da Terra [75]. Até 2100 irá emitir 260 mil milhões de toneladas, mais de metade do orçamento de carbono. Estas são emissões da produção, transporte, incineração, mas há também emissões de metano e efeitos sobre o fitoplâncton [76].

4.7.3. Efeitos do Plástico na Terra

A poluição plástica na terra representa uma ameaça para as plantas e os animais - incluindo os seres humanos que se baseiam na terra [77]. As estimativas da quantidade de concentração de plástico em terra são entre quatro a vinte e três vezes superiores às do oceano. A quantidade de plástico em terra é maior e mais concentrada do que a que se encontra na água [78]. O lixo plástico mal gerido varia entre 60% na Ásia Oriental e Pacífico e 1% na América do Norte. A percentagem de lixo plástico mal gerido que chega anualmente ao oceano e se transforma assim em lixo plástico marinho é entre um terço e metade do total de lixo mal gerido nesse ano [79, 80].

Em 2021, um relatório conduzido pelas Organizações de Alimentação e Agricultura afirmava que o plástico é frequentemente utilizado na agricultura. Há mais plástico no solo do que nos oceanos. A presença de plástico no ambiente prejudica os ecossistemas e a saúde humana e constitui uma ameaça para a segurança alimentar. O plástico clorado pode libertar produtos químicos nocivos no solo circundante, que podem depois infiltrar-se nas águas subterrâneas ou noutras fontes de água circundantes e também no ecossistema do mundo [82]. Isto pode causar sérios danos às espécies que bebem a água.

4.7.4. Efeito nas Inundações

Voluntários a limpar sarjetas em Ilorin, Nigéria, durante um dia de saneamento voluntário. Mesmo quando há infra-estruturas adequadas para o saneamento, poluição plástica pode impedir a drenagem e impedir o fluxo do esgoto.

Os resíduos plásticos podem entupir os esgotos das tempestades, e esse entupimento pode aumentar os danos causados pelas cheias, em particular nas áreas urbanas [83]. Uma acumulação de lixo plástico nos caixotes do lixo eleva o nível da água a montante e pode aumentar o risco de inundação urbana [84]. Por exemplo, em Banguecoque, o risco de inundações aumenta substancialmente devido à obstrução do sistema de esgotos já sobrecarregado por resíduos plásticos [85].

4.7.5. Em Água da torneira

Um estudo de 2017 concluiu que 83% das amostras de água da torneira recolhidas em todo o mundo continham poluentes plásticos [86, 87]. Este foi o primeiro estudo a focar a poluição global da água potável com plásticos [88] e mostrou que com uma taxa de contaminação de 94%, a água da torneira nos Estados Unidos era a mais poluída, seguida do Líbano e da Índia. Países europeus como o Reino Unido, Alemanha e França tiveram a mais baixa taxa de contaminação, embora ainda com 72% [86]. Isto significa que as pessoas podem estar a ingerir entre 3.000 e 4.000 micropartículas de plástico da água da torneira por ano [88]. A análise encontrou partículas com mais de 2,5 microns de tamanho, que é 2500 vezes maior do que um nanómetro. Actualmente não é claro se esta contaminação está a afectar a saúde humana, mas se também se descobrir que a água contém nanopartículas poluentes, poderá haver impactos adversos no bem-estar humano, de acordo com os cientistas associados ao estudo [89].

No entanto, a poluição da água da torneira de plástico permanece subestudada, tal como as ligações de como a poluição se transfere entre o homem, o ar, a água e o solo [90].

4.7.6. Em Ecossistemas Terrestres

Resíduos plásticos mal geridos levam a que o plástico entre directa ou indirectamente nos ecossistemas terrestres [91]. Tem havido um aumento significativo da poluição por microplásticos devido à má manipulação e eliminação dos materiais plásticos [92]. Em particular, a poluição plástica sob a forma de microplásticos pode agora ser encontrada extensivamente no solo. Entra no solo ao assentar-se na superfície e acabando por se transformar em subsolos [93]. Estes microplásticos encontram o seu caminho para as plantas e animais [94].

Efluentes e lamas de águas residuais contêm grandes quantidades de plásticos. As estações de tratamento de águas residuais não têm um processo de tratamento para remover microplásticos, o que resulta na transferência de plásticos para a água e o solo quando os efluentes e lamas são aplicados no solo para fins agrícolas [94]. Vários investigadores encontraram microfibras plásticas que são libertadas quando o velo e outros têxteis de poliéster são limpos em máquinas de lavar [95]. Estas fibras podem ser transferidas através de efluentes para terras que poluem os ambientes do solo [93].

O aumento da poluição plástica e microplástica nos solos pode causar impactos adversos nas plantas e microorganismos do solo, o que, por sua vez, pode afectar a fertilidade do solo. Os microplásticos afectam os ecossistemas do solo, que são importantes para o crescimento das plantas. As plantas são importantes para o ambiente e ecossistemas, pelo que os plásticos são prejudiciais para as plantas e organismos que vivem nestes ecossistemas [92].
Os microplásticos alteram as propriedades biofísicas do solo que afectam a qualidade do solo. Isto afecta a actividade biológica do solo, a biodiversidade e a saúde das plantas. Os microplásticos no solo alteram o crescimento de uma planta. Diminui a germinação das

plântulas, afecta o número de folhas, o diâmetro do caule e o teor de clorofila nestas plantas [92].

Os microplásticos no solo são um risco não só para a biodiversidade do solo mas também para a segurança alimentar e a saúde humana. A biodiversidade do solo é importante para o crescimento das plantas nas indústrias agrícolas. Actividades agrícolas como a cobertura morta de plástico e a aplicação de resíduos municipais contribuem para a poluição de microplásticos no solo. Os solos modificados pelo homem são normalmente utilizados para melhorar a produtividade das culturas, mas os efeitos são mais prejudiciais do que úteis [92].

Os plásticos também libertam substâncias químicas tóxicas no ambiente e causam danos físicos, químicos e biológicos aos organismos. A ingestão de plástico não só leva à morte nos animais através do bloqueio intestinal, como também pode percorrer a cadeia alimentar que afecta os seres humanos [91].

4.7.7. Efeitos do Plástico nos Oceanos e Aves Marinhas

O conteúdo estomacal inalterado de um albatroz morto fotografado em Midway Atoll National Wildlife Refuge in the Pacific em Setembro de 2009 inclui resíduos marinhos de plástico alimentados pelos seus pais

A poluição marinha por plástico (ou poluição de plástico no oceano) é um tipo de poluição marinha por plásticos, variando em tamanho desde grandes materiais originais como garrafas e sacos, até aos microplásticos formados a partir da fragmentação do material plástico. O lixo marinho é principalmente lixo humano descartado que flutua, ou está suspenso no oceano. Oitenta por cento do lixo marinho é plástico [96, 97]. Microplásticos e nano-plásticos resultam da degradação ou foto-degradação de resíduos plásticos em águas superficiais, rios ou oceanos. Recentemente, os cientistas têm nanoplásticos vermelhos descove na neve pesada, mais especificamente cerca de 3000 toneladas que cobrem a Suíça anualmente [98]. Estima-se que existe um stock de 86 milhões de toneladas de resíduos plásticos marinhos no oceano mundial a partir do final de 2013, assumindo que

1,4% dos plásticos globais produzidos de 1950 a 2013 entraram no oceano e aí se acumularam [99]. Estima-se que 19-23 milhões de toneladas de fugas de plástico para os ecossistemas aquáticos anualmente [100]. A Conferência Oceânica das Nações Unidas de 2017 estimou que os oceanos poderiam conter mais peso em plásticos do que os peixes até ao ano 2050 [101].

**Uma mulher e um rapaz que recolhem resíduos plásticos
numa praia durante um exercício de limpeza.**

Os oceanos são poluídos por partículas de plástico que variam em tamanho desde grandes materiais originais como garrafas e sacos, até microplásticos formados a partir da fragmentação do material plástico. Este material só muito lentamente é degradado ou removido do oceano, pelo que as partículas de plástico estão agora espalhadas por toda a superfície do oceano e são conhecidas por terem efeitos deletérios na vida marinha [102]. Sacos de plástico descartados, seis anéis de maços, pontas de cigarro e outras formas de resíduos de plástico que acabam no oceano apresentam perigos para a vida selvagem e a pesca [103]. A vida aquática pode ser ameaçada através de enredamento, asfixia e ingestão [104-106]. Conhecidas como redes fantasma, estas enredam peixes, golfinhos, tartarugas marinhas, tubarões, dugongos, crocodilos, aves marinhas, caranguejos, e outras cremalheiras, restringindo o movimento, causando fome, laceração, infecção, e, naquelas que precisam de regressar à superfície para respirar, asfixia [107]. Existem vários tipos de plásticos oceânicos que causam problemas à vida marinha. Foram encontradas tampas de garrafas nos estômagos de tartarugas e aves marinhas, que morreram devido à obstrução das suas vias respiratórias e digestivas [108]. As redes fantasma são também um tipo problemático de plástico oceânico, uma vez que podem continuamente aprisionar a vida marinha num processo conhecido como "pesca fantasma" [109].

A vida marinha é uma das mais importantes quando se é afectado pela poluição plástica. A poluição plástica coloca a vida dos animais em perigo e está em constante receio de extinção. A vida selvagem marinha, como aves marinhas, baleias, peixes e tartarugas confundem resíduos plásticos com presas; a maioria morre de fome à medida que os seus estômagos se enchem de plástico. Também sofrem de lacerações, infecções, redução da capacidade de nadar, e lesões internas [110]. Esta evidência diz-nos como a fauna selvagem marinha está a ser afectada pela poluição por plástico, eles trazem à tona quantos animais confundem plástico com presa e comem-no sem saber. "Globalmente, 100.000 mamíferos marinhos morrem todos os anos em resultado da poluição por plástico. Isto inclui baleias, golfinhos, botos, focas e leões marinhos" [111]. Esta evi-dência diz-nos as estatísticas de quantos mamíferos marinhos são realmente afectados negativamente o suficiente para morrerem devido à poluição plástica.

4.7.8. Efeitos nos Ecossistemas de Água Doce

A investigação sobre a poluição de plásticos de água doce tem sido largamente ignorada nos ecossistemas marinhos, compreendendo apenas 13% dos artigos publicados sobre o tema [112].

Os plásticos entram em corpos de água doce, aquíferos subterrâneos e água doce em movimento através do escoamento e erosão de resíduos plásticos mal geridos (MMPW). Em algumas áreas, a eliminação directa de resíduos em rios é um factor remanescente de práticas históricas, e tem sido apenas um pouco limitada pela legislação moderna [113]. Os rios são o transporte primário de plásticos para os ecossistemas marinhos, abastecendo-se potencialmente de 80% da poluição por plásticos nos oceanos [114]. A investigação sobre as dez principais bacias hidrográficas classificadas por quantidade anual de MMPW mostrou que alguns rios contribuem com 88-95% dos plásticos ligados aos oceanos, sendo o mais alto o rio Yangtze para o Mar da China Oriental [115]. Os rios asiáticos contribuem anualmente com quase 67% dos resíduos plásticos encontrados no oceano, largamente influenciados pelas populações costeiras de alta densidade em todo o continente, bem como por episódios relativamente intensos de pluviosidade sazonal [116].

4.7.9. Impactos na Biodiversidade de Água Doce
4.7.9.1. Invertebrados

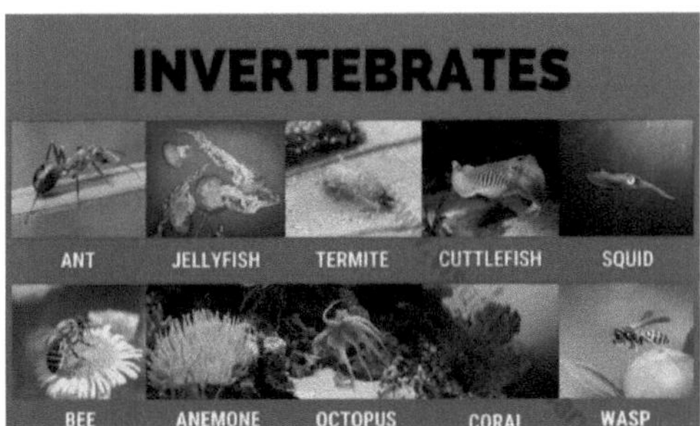

Invertebrados

Um estudo que analisou a ingestão de plásticos numa variedade de experiências anteriormente publicadas mostrou que, das 206 espécies abrangidas, a maioria dos artigos documentou a ingestão em peixes [113]. Isto não significa que os peixes ingerem mais plástico do que outros organismos, mas em vez disso realça a subrepresentação dos efeitos plásticos em organismos igualmente importantes, como plantas aquáticas, anfíbios e invertebrados. Apesar desta disparidade, experiências controladas analisando o impacto microplástico em plantas aquáticas como a alga Chlorella sp e a lentilha-de-água comum Lemna minor produziram resultados significativos. Entre os microplásticos de polipropileno (PP) e policloreto de vinilo (PVC), o PVC demonstrou uma maior toxicidade para a Chlorella pyrenoidosa, tendo um impacto global negativo na sua capacidade fotossintética. Este efeito na fotossíntese é provavelmente devido à redução de 60% da clorofila algal associada com concentrações elevadas de PVC encontradas no mesmo estudo [117]. Ao analisar o efeito das micro-esferas de polietileno (origem: esfoliantes cosméticos) na macrófita aquática L. minor, não foi encontrado qualquer efeito nos pigmentos fotossintéticos e na produtividade, mas o crescimento das raízes e a viabilidade das células radiculares diminuiu [118]. Estes resultados são preocupantes uma vez que as plantas e algas são parte integrante do ciclo de nutrientes e gás dentro de um sistema aquático, e têm a capacidade de criar alterações significativas na composição da água devido à sua pura densidade. Os crustáceos foram também analisados quanto à sua resposta à presença de plástico. Há provas de que os crustáceos de água doce, especificamente caranguejos e lagostins europeus, sofrem emaranhamento em redes fantasma de poliamida utilizadas na pesca em lagos [119]. Quando expostos a nanopartículas de plástico de poliestireno, Daphnia galeata (pulgas de água comuns) experimentou uma sobrevivência reduzida em 48 horas, bem como problemas reprodutivos. Durante um período de 5 dias, a quantidade de Daphnia galeata grávida diminuiu quase 50%, e menos de 20% dos embriões expostos sobreviveram sem quaisquer repercussões imediatas [120]. Outros artrópodes, como as fases juvenis dos insectos, são susceptíveis à exposição plástica semelhante, uma vez que alguns passam parte da sua adolescência totalmente submersos num recurso de água doce. Esta semelhança no estilo de vida com outros invertebrados aquáticos indica que os insectos podem sofrer efeitos secundários semelhantes da exposição ao plástico.

4.7.9.2. Vertebrados

Vertebrados

A exposição plástica em anfíbios tem sido estudada principalmente em fases da vida adolescente, quando os sujeitos de teste ainda estão dependentes de um ambiente aquático onde pode ser mais fácil manipular experimentalmente variáveis. Estudos sobre um sapo de água doce comum sul-americano, Physalaemus cuvieriindicated que os plásticos podem ter o potencial de induzir alterações morfo-lógicas mutagénicas e citotóxicas [121]. É necessário fazer muito mais investigação sobre a resposta dos anfíbios à poluição por plásticos, especialmente porque os anfíbios podem servir como espécies indicadoras iniciais do declínio ambiental [122]. Há muito que se sabe que os mamíferos e aves de água doce têm interacções negativas com a poluição plástica, resultando frequentemente em enredamento ou asfixia/choque após a inges-ting. Embora tenha sido observada inflamação no tracto gastrointestinal em ambos os grupos, não há, por acaso, poucos ou nenhuns dados sobre os efeitos toxicológicos dos poluentes plásticos nestes orga-nismos [113]. Os peixes têm sido os mais estudados no que diz respeito à poluição plástica em organismos de água doce, com a maioria dos estudos a indicar indícios de ingestão de plástico em amostras selvagens e espécimes de laboratório [113]. Houve algumas tentativas de analisar a letalidade do plástico numa espécie modelo comum de água doce, Danio rerio, também conhecido por zebrafish. Foi observada uma maior produção de muco e uma resposta de infla-mação no D. rerioGI-tract, mas adicionalmente, os investigadores observaram uma mudança distinta nas comunidades microbianas dentro do microbioma do zebrafish intestinal [123]. Esta descoberta é significativa; uma vez que a investigação nas últimas décadas tem revelado cada vez mais o poder que os micróbios intestinais têm na absorção de nutrientes e sistemas endócrinos do seu hospedeiro [124]. Devido a isto, os plásticos podem ter um efeito muito mais drástico na saúde do organismo individual do que é actualmente conhecido até agora, justificando assim a necessidade de mais investigação o mais rapidamente possível. Muitas destas descobertas também foram encontradas em laboratório, pelo que é necessário canalizar mais esforços para a medição da abundância e toxicologia do plástico em populações selvagens.

4.7.10. Efeitos nos seres humanos

O local onde o lixo está a ser reciclado no Gana

Os compostos que são utilizados no fabrico poluem o ambiente ao libertarem químicos no ar e na água. Alguns compostos que são utilizados em plásticos, tais como ftalatos, bifenol A (BRA), éter difenílico polibromado (PBDE), estão sob estatuto próximo e podem ser muito prejudiciais. Embora estes compostos não sejam seguros, têm sido utilizados no fabrico de embalagens alimentares, dispositivos médicos, materiais para pavimentos, frascos, perfumes, cosméticos e muito mais. A inalação de microplásticos (MPs) tem demonstrado ser um dos maiores contribuintes para a absorção de MPs pelos seres humanos. As MPs sob a forma de partículas de poeira circulam constantemente através de sistemas de ventilação e ar condicionado dentro de casa [125]. A grande dose destes compostos é perigosa para os seres humanos, destruindo o sistema endócrino. BRA imita a hormona feminina chamada estrogénio. PBD destrói e causa danos às hormonas da tiróide, que são glândulas hormonais vitais que desempenham um papel importante no metabolismo, crescimento e desenvolvimento do corpo humano. As PBD também podem ter um efeito prejudicial no sucesso reprodutivo masculino. MPs como a BPA podem interferir com a biossíntese de esteróides no sistema endócrino masculino e com as fases iniciais da espermatogénese [126]. As MPs nos homens podem também criar stress oxidativo e danos no ADN em esperma-tozoa, causando redução da viabilidade do esperma [126]. Embora o nível de exposição a estas substâncias químicas varie dependendo da idade e da geografia, a maioria dos humanos experimenta exposição simultânea a muitas destas substâncias químicas. Os níveis médios de exposição diária são inferiores aos níveis considerados inseguros, mas é necessário fazer mais investigação sobre os efeitos da exposição a baixas doses nos seres humanos. Desconhece-se muito sobre a gravidade com que os seres humanos são fisicamente afectados por estas substâncias químicas. Algumas das substâncias químicas utilizadas na produção de plástico podem causar dermatite em contacto com a pele humana. Em muitos plásticos, estas substâncias químicas tóxicas são utilizadas apenas em quantidades vestigiais, mas são frequentemente necessários testes significativos para assegurar que os elementos tóxicos são contidos no plástico por material inerte ou polímero. Crianças e mulheres durante a sua idade reprodutiva estão no máximo em risco e mais propensas a danificar o seu sistema imunitário, bem como o seu sistema reprodutivo, devido a estas substâncias químicas desreguladoras das hormonas. Os produtos de gravidez e amamentação, tais como biberões, chupetas e utensílios de alimentação de plástico, colocam os bebés e as crianças num risco muito elevado de exposição [125].

A saúde humana também tem sido afectada negativamente pela poluição plástica. "Quase um terço dos sítios de águas subterrâneas nos EUA contêm BPA. A BPA é prejudicial em concentrações muito baixas, uma vez que interfere com as nossas hormonas e sistemas reprodutivos [127]. Esta citação diz-nos quanto de uma percentagem da nossa água está contaminada e não deve ser bebida diariamente. "Em todas as fases do seu ciclo de vida, o plástico representa riscos distintos para a saúde humana, decorrentes tanto da exposição às próprias partículas de plástico como aos produtos químicos associados" [128]. Esta citação é uma introdução a inúmeros pontos do porquê do plástico nos ser prejudicial, tais como o carbono que é libertado quando está a ser feito e transportado, o qual está também relacionado com a forma como a poluição de plástico prejudica o nosso ambiente.

Um estudo de 2022 publicado na Environment International encontrou microplásticos no sangue de 80% das pessoas testadas no estudo, e tais microplásticos têm o potencial de se tornarem incorporados em órgãos humanos [129].

4.7.11.   Significado clínico

Devido à pervasividade dos produtos plásticos, a maioria da população humana está constantemente exposta aos componentes químicos dos plásticos. Nos Estados Unidos, 95% dos adultos têm tido níveis detectáveis de BPA na sua urina. A exposição a produtos químicos como o BPA tem sido correlacionada com perturbações na fertilidade, reprodução, maturação sexual, e outros efeitos na saúde [130]. Os ftalatos específicos também resultaram em efeitos biológicos semelhantes.

4.7.12.   Eixo Hormonal da Tiróide

O bisfenol A afecta a expressão genética relacionada com o eixo hormonal da tiróide, que afecta funções biológicas tais como o metabolismo e o desenvolvimento. O BPA pode diminuir a actividade do receptor da hormona tiroidiana (TR) aumentando a actividade do núcleo compressor transcripcional do TR. Isto diminui então o nível de proteínas de ligação da hormona tiróide que se ligam à triiodotironina. Ao afectar o eixo hormonal da tiróide, a exposição à BPA pode levar ao hipotiroidismo [12].

4.7.13.   Hormonas sexuais

A BPA pode perturbar os níveis normais e fisiológicos das hormonas sexuais. Faz isto ligando-se a globulinas que normalmente se ligam a hormonas sexuais como andrógenos e estrogénios, levando à perturbação do equilíbrio entre os dois. A BPA pode também afectar o metabolismo ou o catabolismo das hormonas sexuais. Actua frequentemente como anti-androgénio ou como estrogénio, o que pode causar perturbações no desenvolvimento gonadal e na produção de esperma [12].

4.7.14.   Esforços de redução

Artigos de uso doméstico feitos de vários tipos de plástico.

Produção de resíduos, medida em quilogramas por pessoa por dia

Têm ocorrido ou estão em curso esforços para reduzir a utilização de plásticos, para promover a reciclagem de plásticos e para reduzir o lixo plástico mal gerido ou a poluição por plásticos. A primeira análise científica na literatura académica profissional sobre a poluição plástica global em geral concluiu que a resposta racional à "ameaça global" seria a "redução do consumo de materiais plásticos virgens, juntamente com estratégias internacionalmente coordenadas de gestão de resíduos" - tais como a proibição da exportação de resíduos plásticos, a menos que tal conduza a uma melhor reciclagem - e descreve o estado do conhecimento sobre os impactos "pouco reversíveis" que são uma das razões para a sua redução [131, 132].

Alguns super mercados cobram aos seus clientes por sacos plásticos, e em alguns locais estão a ser utilizados materiais reutilizáveis ou biodegradáveis mais eficientes no lugar dos plásticos. Algumas comunidades e empresas proibiram alguns artigos de plástico comummente utilizados, tais como água engarrafada e sacos de plástico [133]. Algumas organizações não governamentais lançaram esquemas voluntários de redução do plástico, como certificados que podem ser adaptados pelos restaurantes para serem reconhecidos como amigos do ambiente entre os clientes [134].

Em Janeiro de 2019 foi criada uma "Global Alliance to End Plastic Waste" por empresas da indústria do plástico. A aliança visa limpar o ambiente dos resíduos existentes e aumentar a reciclagem, mas não menciona a redução da produção de plástico como um dos seus objectivos [135].

A 2 de Março de 2022, em Nairobi, representantes de 175 países comprometeram-se a criar um acordo juridicamente vinculativo para acabar com a poluição por plásticos. O acordo deveria abordar todo o ciclo de vida do plástico e propor alternativas, incluindo a sua reutilização. Foi criado um Comité Intergovernamental de Negociação (INC) que deveria conceber o acordo até ao final do ano 2024. O acordo deverá facilitar a transição para uma economia circular, que reduzirá as emissões de gases com efeito de estufa em 25%. Inger Andersen, director executivo do PNUA, chamou à decisão "um triunfo do planeta terra sobre os plásticos de uso único" [136].

4.8. Plásticos Biodegradáveis e Degradáveis

A utilização de plásticos biodegradáveis tem muitas vantagens e desvantagens. Os biodegradáveis são biopolímeros que se degradam nos compostores industriais. Os biodegradáveis não se degradam tão eficazmente nos compostores domésticos, e durante este processo mais lento, pode ser emitido gás metano [137].

Existem também outros tipos de materiais degradáveis que não são considerados biopolímeros, porque são à base de petróleo, semelhantes a outros plásticos convencionais. Estes plásticos são feitos para serem mais degradáveis através da utilização de diferentes aditivos, que os ajudam a degradar-se quando expostos aos raios UV ou a outros factores de stress físico [137], no entanto, ficou demonstrado que os aditivos promotores de biodegradação para polímeros não aumentam significativamente a biodegradação [138].

Embora os plásticos biodegradáveis e degradáveis tenham ajudado a reduzir a poluição por plásticos, existem alguns inconvenientes. Uma questão relativa a ambos os tipos de plásticos é que não se decompõem de forma muito eficiente em ambientes naturais. Aí, os plásticos degradáveis à base de petróleo podem decompor-se em fracções mais pequenas, altura em que não se degradam mais [137].

Uma comissão parlamentar no Reino Unido também descobriu que os plásticos compostáveis e biodegradáveis poderiam contribuir para a poluição marinha porque existe uma falta de infra-estruturas para lidar com estes novos tipos de plástico, bem como uma falta de compreensão por parte dos consumidores [139]. Por exemplo, estes plásticos precisam de ser enviados para instalações de compostagem industrial para se degradarem adequadamente, mas não existe um sistema adequado para garantir que os resíduos cheguem a estas instalações [139]. A comissão recomendou assim a redução da quantidade de plástico utilizado em vez da introdução de novos tipos do mesmo no mercado [139].

Também vale a pena notar a evolução de novas enzimas que permitem aos microrganismos que vivem em locais poluídos digerir plástico normal e difícil de decompor. Um estudo de 2021 procurando homo-logsof 95 enzimas de decomposição plástica conhecidas, abrangendo 17 tipos de plástico, encontrou mais 30.000 enzimas possíveis. Apesar da sua aparente ubiquidade, não há actualmente provas de que estas novas enzimas estejam a decompor qualquer quantidade significativa de plástico para reduzir a poluição [140].

4.9. Incineração

Até 60% do equipamento médico de plástico usado é incinerado em vez de depositado num aterro sanitário como medida de precaução para diminuir a transmissão de doenças. Isto tem permitido uma grande diminuição da quantidade de resíduos plásticos que provêm do equipamento médico [130].

Em grande escala, os plásticos, papel e outros materiais fornecem combustível útil aos resíduos para as centrais de energia. Cerca de 12% do plástico total produzido foi incinerado [141]. Foram feitos muitos estudos relativos às emissões gasosas resultantes do processo de incineração [142]. Os plásticos incinerados libertam uma série de toxinas no processo de incineração, incluindo Dioxinas, Furanos, Mercúrio e Bifenilos Policlorados [142]. Quando queimados fora das instalações concebidas para recolher ou processar as toxinas, isto pode ter efeitos significativos na saúde e criar uma poluição atmosférica significativa [142].

4.10. Política

Percentagem de resíduos plásticos geridos inadequadamente (2010)

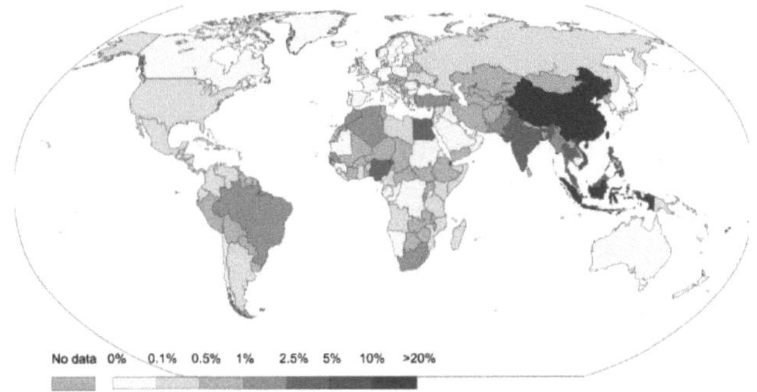

Parte projectada de resíduos plásticos geridos inadequadamente (2025)

Agências como a Agência de Protecção Ambiental dos EUA e a US Food and Drug Administration frequentemente só avaliam a segurança de novos produtos químicos depois de um efeito secundário negativo ser demonstrado. Uma vez que suspeitem que uma substância química possa ser tóxica, é estudada para determinar a dose de referência humana, que é determinada como sendo o nível de efeito adverso observável mais baixo.

Durante estes estudos, uma dose elevada é testada para ver se causa quaisquer efeitos adversos para a saúde, e se não causar, doses mais baixas são também consideradas seguras. Isto não tem em conta o facto de que com algumas substâncias químicas encontradas em plásticos, tais como o BPA, doses mais baixas podem ter um efeito perceptível [143]. Mesmo com este processo de avaliação frequentemente complexo, foram postas em prática políticas para ajudar a aliviar a poluição plástica e os seus efeitos. Foram implementados regulamentos governamentais que proíbem alguns produtos químicos de serem utilizados em produtos plásticos específicos.

No Canadá, nos Estados Unidos e na União Europeia, a BPA foi proibida de ser incorporada na produção de biberões e copos infantis, devido a preocupações de saúde e à maior vulnerabilidade das crianças mais novas aos efeitos da BPA [130]. Foram estabelecidos impostos a fim de desencorajar formas específicas de gestão de resíduos de plástico. A taxa de aterro, por exemplo, cria um incentivo para optar pela reciclagem dos plásticos em vez de os conter em aterros, tornando estes últimos mais caros [137]. A Norma Europeia EN 13432, que foi estabelecida pelo Comité Europeu de Normalização (CEN), enumera as normas que os plásticos devem cumprir, em termos de compostabilidade e biodegradabilidade, para serem oficialmente rotulados como compostáveis [137, 144].

Dada a ameaça significativa que os oceanos enfrentam, o European Investment BankGroup pretende aumentar o seu financiamento e assistência consultiva para a limpeza dos oceanos. Por exemplo, a Iniciativa para os Oceanos Limpos (COI) foi criada em 2018. O Banco Europeu de Investimento, o Banco Alemão de Desenvolvimento, e a Agência Francesa de Desenvolvimento (AFD) concordaram em investir um total de 2 mil milhões de euros ao abrigo da COI de Outubro de 2018 a Outubro de 2023 em iniciativas destinadas a reduzir as descargas de poluição nos oceanos, com especial incidência nos plásticos [145-147].

4.11. Esforços Voluntários de Redução em Falha

Os principais produtores de plástico continuam a pressionar os governos a absterem-se de impor restrições à produção de plástico e a defenderem objectivos empresariais voluntários para reduzir a nova produção de plástico. No entanto, os 10 maiores produtores mundiais de plástico, incluindo The Coca-Cola Company, Nestle SA e PepsiCo, têm falhado em cumprir mesmo os seus próprios objectivos mínimos de utilização de plástico virgem [148].

Houve vários pactos internacionais que abordam a poluição marinha por plásticos, tais como a Convenção sobre a Prevenção da Poluição Marinha por Dumping de Resíduos e Outras Matérias 1972, a Convenção Internacional para a Prevenção da Poluição por Navios, 1973 e a Estratégia de Honolulu, não há nada em torno dos plásticos que se infiltram no oceano a partir da terra [149].

Em 2020, 180 países concordaram em limitar a quantidade de resíduos plásticos que os países ricos exportam para os países mais pobres, utilizando regras da Convenção de Basileia. Contudo, durante Janeiro de 2021, o primeiro mês em que o acordo esteve em vigor, os dados comerciais mostraram que as exportações globais de sucata aumentaram efectivamente [150].

4.12. Tratado de Plástico Legalmente Vinculativo.

Alguns académicos e ONG acreditam que é necessário um tratado internacional juridicamente vinculativo para lidar com a poluição plástica. Pensam isto porque a poluição plástica é um problema internacional, deslocando-se entre fronteiras marítimas, e também porque acreditam que é necessário haver um limite à produção de plástico [151-153]. Os lobistas esperavam que a UNEA-5 levasse a um tratado sobre o plástico, mas a sessão terminou sem um acordo juridicamente vinculativo [154, 155].

Em 2022, os países concordaram em elaborar um tratado global sobre poluição por plásticos até 2024 [156, 157].

4.12.1.   Proibições de importação de resíduos

Desde cerca de 2017, a China [158], a Turquia [159], a Malásia [160], o Camboja [161], e a Tailândia [162] proibiram certas importações de resíduos. Tem sido sugerido que tais proibições podem aumentar a automatização [163] e a reciclagem, diminuindo os impactos negativos sobre o ambiente [164].

De acordo com uma análise dos dados comerciais globais efectuada pela Rede de Acção de Basileia sem fins lucrativos, as violações da Convenção de Basileia, activa desde 1 de Janeiro de 2021, têm sido galopantes durante 2021. Os EUA, Canadá e União Europeia enviaram centenas de milhões de toneladas de plástico para países com infra-estruturas de gestão de resíduos insuficientes, onde grande parte é depositada em aterros, queimada ou enterrada no ambiente [165].

4.12.2.   Políticas de economia circular

As leis relacionadas com a reciclabilidade, gestão de resíduos, instalações de recuperação de materiais domésticos, composição de produtos, biodegradabilidade e prevenção da importação/exportação de resíduos específicos podem apoiar a prevenção da poluição plástica [74]. [Um estudo considera a responsabilidade do produtor/fabricante "uma abordagem prática para abordar a questão da poluição plástica", sugerindo que "as políticas, legislações, regulamentos e iniciativas existentes e adoptados a nível global, regional e nacional desempenham um papel vital" [74].

A normalização de produtos, especialmente de embalagens [166, 167] que são, a partir de 2022, frequentemente compostos de diferentes materiais (cada um e entre produtos) que são difíceis ou actualmente impossíveis de separar ou reciclar juntos em geral ou de forma automatizada [168, 169] poderia apoiar a reciclabilidade e a reciclagem.

Por exemplo, existem sistemas que teoricamente podem distinguir e classificar 12 tipos de plásticos como o PET, utilizando imagens hiper-espectrais e algoritmos desenvolvidos através da aprendizagem de máquinas [170, 171], enquanto que apenas 9% dos estimados 6,3 mil milhões de toneladas de resíduos plásticos dos anos 50 até 2018 foram reciclados (12% foram incinerados e o resto foi alegadamente "despejado em aterros sanitários ou no ambiente natural") [10].

4.13. Recolha, Reciclagem e Redução

As duas formas comuns de recolha de resíduos incluem a recolha de resíduos em zonas de contenção e a utilização de centros de reciclagem de lixeiras. Cerca de 87 % da população dos Estados Unidos (273 milhões de pessoas) tem acesso a centros de reciclagem de zonas de paragem e de recolha. Na recolha nas calçadas, que está disponível para cerca de 63% da população dos Estados Unidos (193 milhões de pessoas), as pessoas colocam plásticos designados num contentor especial para serem recolhidos por uma empresa de transporte pública ou privada [172]. A maioria dos programas de recolha nas calçadas recolhem mais de um tipo de resina plástica, geralmente tanto PETE como HDPE [173]. Nos centros de reciclagem, que estão disponíveis para 68% da população dos Estados Unidos (213 milhões de pessoas), as pessoas levam os seus materiais recicláveis para uma instalação centralizada [172]. Uma vez recolhidos, os plásticos são entregues a uma instalação de recuperação de materiais (MRF) ou a um manipulador para triagem em fluxos de resina única para aumentar o valor do produto. Os plásticos triados são então enfardados para reduzir os custos de transporte para os recuperadores [173].

Há taxas variáveis de reciclagem por tipo de plástico, e em 2017, a taxa global de reciclagem de plástico era de aproximadamente 8,4% nos Estados Unidos. Aproximadamente 2,7 milhões de toneladas (3,0 milhões de toneladas curtas) de plástico foram recicladas nos EUA em 2017, enquanto 24,3 milhões de toneladas (26,8 milhões de toneladas curtas) de plástico foram despejadas em aterros no mesmo ano. Alguns plásticos são reciclados mais do que outros; em 2017 cerca de 31,2% das garrafas PEAD e 29,1% das garrafas e frascos PET foram reciclados [174].

As embalagens reutilizáveis referem-se a embalagens fabricadas com materiais duráveis e especificamente concebidas para viagens múltiplas e vida útil prolongada. Existem lojas de resíduos zero e lojas de recarga [175, 176] para produtos seleccionados, bem como supermercados convencionais que permitem recarregar produtos embalados em plástico seleccionados ou vender voluntariamente produtos sem embalagem ou com embalagens mais sustentáveis [177].

A 21 de Maio de 2019, um novo modelo de serviço chamado "Loop" para recolher embalagens dos consumidores e reutilizá-las, começou a funcionar na região de Nova Iorque, EUA, apoiado por várias empresas de maior dimensão. Os consumidores largam as embalagens em caixas de transporte especiais e depois recolhem, limpam, reabastecem e devolvem-nas [178]. Começou com vários milhares de lares e visa não só acabar com o plástico de uso único, mas também acabar com o uso único em geral através da reciclagem de recipientes de produtos de consumo de vários materiais [179].

Outra estratégia eficaz, que poderia ser apoiada por políticas, é eliminar a necessidade de garrafas de plástico sem garrafas, como por exemplo, garrafas de aço [180], e carbonatadores de água[181]. que também podem prevenir potenciais impactos negativos na saúde humana devido à libertação de microplásticos [182-184].

A redução dos resíduos de plástico poderia apoiar a reciclagem e é muitas vezes considerada em conjunto com a reciclagem: os "3R" referem-se a Reduzir, Reutilizar e Reciclar [74, 185-187].

4.13.1.   Limpeza Oceânica

A organização "The Ocean Cleanup" está a tentar recolher os resíduos plásticos dos oceanos através de redes. Há preocupações devido aos danos causados a algumas formas de organismos marinhos, especialmente o neuston [188].

4.13.2.   Grande Barreira de Bolhas

Nos Países Baixos, o lixo plástico de alguns rios é recolhido por uma barreira de bolhas, para evitar que os plásticos flutuem no mar. Esta chamada Grande Barreira de Bolhas captura plásticos com mais de 1,0 mm [189]. A barreira da bolha é implementada no rio IJssel (2017) e em Amesterdão (2019) [190, 191] e será implementada em Katwijk no final do rio Reno [192, 193].

4.14. Mapeamento e Rastreamento

O Nosso Mundo Em Dataprogramas fornece gráficos sobre algumas análises, incluindo mapas, para mostrar fontes de poluição plástica [194, 195] - incluindo a dos oceanos específicos [196].

A identificação das maiores fontes de plásticos oceânicos de alta fidelidade pode ajudar a discernir as causas, a medir o progresso e a desenvolver contramedidas eficazes.

Uma grande fracção dos plásticos oceânicos pode provir - também não importados - dos resíduos plásticos das cidades costeiras [194], bem como dos rios (com 1000 rios superiores estimados por um estudo de 2021 como sendo responsáveis por 80% das emissões anuais globais) [197]. Estas duas fontes podem estar interligadas [198]. O Yangtzeriver no Mar da China Oriental é identificado por alguns estudos que utilizam provas de amostragem como o rio com maior emissão de plástico (amostrado) [199], em contraste com o estudo de 2021 mencionado anteriormente, que o classifica no lugar 64 [197]. As intervenções de gestão a nível local nas zonas costeiras foram consideradas cruciais para o sucesso global da redução da poluição plástica [200].

Existe um mapa global, interactivo, baseado na aprendizagem de máquinas e na monitorização por satélite dos locais de resíduos plásticos, que poderia ajudar a identificar quem e onde gere mal os resíduos plásticos, despejando-os nos oceanos [201. 202].

4.14.1.   Por País/Região
4.14.1.1. Albânia

Em Julho de 2018, a Albânia foi o primeiro país da Europa a proibir sacos de plástico leves [203-205]. O ministro do ambiente albanês Blendi Klosisaid que as empresas que importam, produzem ou comercializam sacos de plástico com menos de 35 microns de espessura correm o risco de sofrer multas entre 1 milhão a 1,5 milhões de lek (7.900 a 11.800 euros) [204].

4.14.1.2. Austrália

Estima-se que, anualmente, a Austrália produz cerca de 2,5 milhões de toneladas de resíduos plásticos, das quais cerca de 84% acabam como aterro sanitário, e cerca de 130.000 toneladas de resíduos plásticos vazam para o ambiente [206]. Seis dos oito estados e territórios comprometeram-se, até Dezembro de 2021, a proibir uma série de plásticos. Os Objectivos Nacionais de Embalagem do governo federal criaram o objectivo de eliminar gradualmente o pior dos plásticos de utilização única até 2025 [207],e ao abrigo do Plano Nacional de Plásticos 2021[208], comprometeram-se "a eliminar gradualmente as embalagens de poliestireno vazado e moldado até Julho de 2022, e vários outros produtos até Dezembro de 2022 [207].

4.14.1.3. Canadá

No ano 2022, o Canadá anunciou uma proibição de produção e importação de plástico de uso único a partir de Dezembro de 2022. A venda desses artigos será proibida a partir de Dezembro de 2023 e a exportação a partir de 2025. O primeiro-ministro do Canadá, Justin Trudea, prometeu proibir o plástico de uso único em 2019 [209].

4.14.1.4. China

A China é o maior consumidor de plásticos de utilização única [50]. Em 2020 a Chinapublicou um plano para cortar 30% dos resíduos de plástico em 5 anos. Como parte deste plano, os sacos e palhinhas de plástico de uso único serão proibidos [210, 211].

4.14.1.5. União Europeia

Em 2015, a União Europeia adoptou uma directiva que exige uma redução no consumo de sacos de plástico de uso único por pessoa para 90 até 2019 e para 40 até 2025 [212]. Em Abril de 2019, a UE adoptou uma outra directiva proibindo quase todos os tipos de plástico de uso único, excepto garrafas, a partir do início do ano 2021 [213, 214].

A 3 de Julho de 2021, a directiva da UE sobre plásticos de uso único (SUPD, UE 2019/904) entrou em vigor nos estados membros da UE. A directiva visa reduzir a poluição plástica proveniente de plásticos descartáveis de utilização única. Concentra-se nos 10 plásticos descartáveis mais comummente encontrados nas praias, que constituem 43% do lixo marinho (artes de pesca mais 27%). De acordo com a directiva SUP, existe uma proibição de: cotonetes e balões de plástico; pratos de plástico, talheres, agitadores e palhinhas; bebidas de esferovite e embalagens de alimentos (por exemplo, copos descartáveis, refeições para uma pessoa); produtos feitos de plástico oxo-degradável, que se degradam em microplásticos. filtros de cigarro, copos para beber, toalhetes húmidos, pensos higiénicos e tampões recebem um rótulo indicando que o produto contém plástico, que pertence ao lixo e que o lixo tem efeitos negativos no ambiente [215, 216].

Em Dezembro de 2022, a UE deu os primeiros passos para proibir a exportação de resíduos plásticos para outros países [217].

4.14.1.6. Índia

O governo da Índia decidiu proibir os plásticos de uso único e tomar uma série de medidas para reciclar e reutilizar o plástico, a partir de 2 de Outubro de 2019 [218].

O Ministério da Água Potável e Saneamento, Governo da Índia, solicitou a vários departamentos governamentais que evitassem a utilização de garrafas de plástico para fornecer água potável durante reuniões governamentais, etc., e que, em vez disso, tomassem providências para fornecer água potável que não gerasse resíduos plásticos [219, 220]. O estado de Sikkim restringiu a utilização de garrafas de água de plástico (em funções e reuniões governamentais) e produtos de esferovite [221]. O estado de Bihar proibiu a utilização de garrafas de água de plástico em reuniões governamentais [222].

Os Jogos Nacionais da Índia de 2015, organizados em Thiruvananthapuram, foram associados aos protocolos verdes [223]. Isto foi iniciado pela Suchitwa Mission que visava locais de "desperdício zero". Para tornar o evento "sem resíduos", foi proibida a utilização de garrafas de água descartáveis [224]. O evento testemunhou a utilização de louça de mesa reutilizável e de copos de aço inoxidável [225]. Os atletas receberam frascos de aço recarregáveis [226]. Estima-se que estas práticas verdes pararam a produção de 120 toneladas de resíduos descartáveis [227].

A cidade de Bangalorein 2016 proibiu o plástico para todos os fins, excepto para alguns casos especiais como a entrega de leite, etc [228].

O estado de Maharashtra, na Índia, efectuou a proibição de Maharashtra Plastic and Thermocol Products 23 de Junho de 2018, sujeitando os utilizadores de plástico a multas e potencial prisão por infractores reincidentes [229. 230].

No ano 2022, a Índia começou a implementar uma proibição em todo o país de diferentes tipos de plástico. Isto é necessário também para alcançar os objectivos climáticos do país, uma vez que na produção de plástico são utilizados mais de 8.000 aditivos, parte dos quais são milhares de vezes mais poderosos gases com efeito de estufa do que o CO2 [231].

4.14.1.7. Indonésia

Em Bali, uma das muitas ilhas da Indonésia, duas irmãs, Melati e Isabel Wijsen, fizeram esforços para proibir os sacos de plástico em 2019 [232, 233]. A partir de Janeiro de 2022 a sua organização Bye Bye Plastic Bags tinha-se espalhado por mais de 50 locais em todo o mundo [234].

4.14.1.8. Israel

Em Israel, duas cidades: Eilat e Herzliya, decidiram proibir a utilização de sacos de plástico e talheres de uso único nas praias [235]. Em 2020, Tel Aviv juntou-se a eles, proibindo também a venda de plástico de uso único nas praias [236].

4.14.1.9. Quénia

Em Agosto de 2017, o Quénia tem uma das proibições de sacos de plástico mais duras do mundo. Multas de 38.000 dólares ou até quatro anos de prisão a qualquer pessoa que tenha sido apanhada a produzir, vender, ou utilizar um saco de plástico [237].

4.14.1.10. Nova Zelândia

A Nova Zelândia anunciou uma proibição de muitos tipos de plástico de uso único de difícil reciclagem até 2025 [238].

4.14.1.11. Nigéria

Em 2019, a Câmara dos Representantes da Nigéria proibiu a produção, importação e utilização de sacos de plástico no país [239].

4.14.1.12. Taiwan

Em Fevereiro de 2018, Taiwan restringiu a utilização de copos, palhinhas, utensílios e sacos de plástico de utilização única; a proibição incluirá também uma taxa extra para sacos de plástico e actualizará os seus regulamentos de reciclagem e, com vista a 2030, será completamente aplicada [237].

4.14.1.13. Reino Unido

Em Janeiro de 2019, a cadeia de supermercados da Islândia, especializada em alimentos congelados, comprometeu-se a "eliminar ou reduzir drasticamente todas as embalagens de plástico para os seus produtos de marca de armazém até 2023" [240].
A partir de 2020, 104 comunidades alcançaram o título de "Plastic free community" no Reino Unido, 500 querem alcançá-lo [241].

Depois de duas raparigas da escola Ella e Caitlin terem lançado uma petição sobre o assunto, Burger King e McDonald's no Reino Unido e Irlanda comprometeram-se a deixar de enviar brinquedos de plástico com as suas refeições. McDonald's comprometeu-se a fazê-lo a partir do ano 2021. McDonald's também se comprometeu a utilizar um papel de embrulho para as suas refeições e livros que serão enviados com as refeições. A transmissão terá início já em Março de 2020 [242].

4.14.1.14. Estados Unidos da América

Em 2009, a Universidade de Washington em St. Louisbecame foi a primeira universidade nos Estados Unidos a proibir a venda de garrafas de água de plástico de utilização única [243].

Em 2009, o Distrito de Columbiare exigiu a todas as empresas que vendem alimentos ou álcool que cobrassem 5 cêntimos adicionais por cada saco de plástico ou papel de transporte [244].
Em 2011 e 2013, Kauai, Maui e Hawaii proíbem sacos de plástico não biodegradáveis na caixa, bem como sacos de papel contendo menos de 40% de material reciclado. Em 2015, Honolulu foi o último grande condado a aprovar a proibição [244].

Em 2015, a Califórnia proibiu as grandes lojas de fornecer sacos de plástico, e se assim fosse, uma taxa de $0,10 por saco e tem de cumprir certos critérios [244].

Em 2016, Illinois adoptou a legislação e estabeleceu a "Recycle Thin Film Friday" em esforço para recuperar sacos de plástico de película fina usados e encorajar sacos reutilizáveis [244].

Em 2019, o estado de Nova Iorque proibiu sacos de plástico de uso único e introduziu uma taxa de 5 cêntimos pela utilização de sacos de papel de uso único. A proibição entrará em vigor em 2020. Isto não só reduzirá a utilização de sacos de plástico no estado de Nova Iorque (23 mil milhões por ano até agora), mas também eliminará 12 milhões de barris de petróleo usados para fazer sacos de plástico usados pelo estado todos os anos [245, 246].

O estado do Maine proíbe os recipientes de esferovite (poliestireno) em Maio de 2019 [247].

Em 2019, o comerciante gigante Eaglere tornou-se o primeiro grande retalhista americano que se comprometeu a eliminar completamente o plástico até 2025. O primeiro passo - deixar de utilizar sacos de plástico de uso único - começará a ser implementado já a 15 de Janeiro de 2020 [248].

Em 2019, Delaware, Maine, Oregon e Vermont promulgaram legislação. Palhetas e recipientes de poliestireno de uso único restritos Vermontalso [244].

Em 2019, o Connecticutimposediu uma taxa de $0,10 em sacos de plástico de utilização única no ponto de venda, e vai proibi-los a 1 de Julho de 2021 [244].

4.15. Vanuatu

Em 30 de Julho de 2017, Dia da Independência de Vanuatu, foi anunciado o início da não utilização de sacos e garrafas de plástico. Tornando-a uma das primeiras nações do Pacífico a fazê-lo e vai começar a proibir a importação de garrafas e sacos de plástico de utilização única [237].

4.16. Obstrução por Grandes Produtores de Plástico

As dez empresas que produzem mais plástico no planeta, The Coca-Cola Company, Colgate-Palmolive, Danone, Mars, Incorporated Mondelēz International, Nestlé, PepsiCo, Perfetti Van Melle, Procter & Gamble, e Unilever, formaram uma rede bem financiada que tem sabotado durante décadas os esforços governamentais e comunitários para enfrentar a crise da poluição do plástico, de acordo com um relatório de investigação detalhado da Fundação Mercados em Mudança. A investigação documenta a forma como estas empresas atrasam e descarrilam a legislação para que possam continuar a inundar os consumidores com embalagens de plástico descartáveis. Estes grandes produtores de plástico exploraram os receios do público sobre a pandemia da COVID-19 para trabalhar no sentido de atrasar e inverter a regulamentação existente sobre a eliminação do plástico. Os dez grandes produtores de plástico avançaram com compromissos voluntários para a eliminação de resíduos de plástico como um estratagema para dissuadir os governos de impor regulamentos adicionais [249].

4.17. Decepção do público sobre a Reciclagem

Já no início da década de 1970, os líderes da indústria petroquímica compreenderam que a grande maioria do plástico que produziam nunca seria reciclada. Por exemplo, um relatório de Abril de 1973 escrito por cientistas da indústria para executivos da indústria afirma que a triagem das centenas de diferentes tipos de plástico é "inviável" e proibitiva em termos de custos. No final da década de 1980, os líderes da indústria também sabiam que o público devia continuar a sentir-se bem na compra de produtos de plástico para que a sua indústria continuasse a prosperar, e precisavam de anular a legislação proposta para regulamentar o plástico que estava a ser vendido. Assim, a indústria lançou uma campanha de propaganda corporativa de 50 milhões de dólares/ano dirigida ao público americano com a mensagem de que o plástico pode ser, e está a ser, reciclado, e pressionou os municípios americanos a lançarem programas dispendiosos de recolha de resíduos plásticos, e pressionou os estados americanos a exigirem a rotulagem de produtos plásticos e recipientes com símbolos de reciclagem. No entanto, estavam confiantes de que as iniciativas de reciclagem não iriam acabar por recuperar e reutilizar o plástico em quantidades próximas do suficiente para prejudicar os seus lucros na venda de novos produtos de plástico "virgem", porque compreenderam que os esforços de reciclagem que estavam a promover eram susceptíveis de falhar. Os líderes da indústria planearam mais recentemente a reciclagem a 100% do plástico que produzem até 2040, apelando a uma recolha, triagem e processamento mais eficientes [250, 251].

4.18. Acção para a Criação de Sensibilização
4.18.1.   Dia da Terra

Em 2019, a Rede do Dia da Terra estabeleceu uma parceria com a Keep America Beautiful and National Cleanup Day para o primeiro Dia da Terra a nível nacional CleanUp. Realizaram-se limpezas em todos os 50 estados, cinco territórios dos EUA, 5.300 locais e houve mais de 500.000 voluntários [252, 253].

O Dia da Terra 2020 é o 50º Aniversário do Dia da Terra. As celebrações incluirão actividades tais como o Grande Global CleanUp, Ciência Cidadã, Advocacia, Educação e Arte. Este Dia da Terra tem como objectivo educar e mobilizar mais de mil milhões de pessoas para crescer e apoiar a próxima geração de activistas ambientais, com grande enfoque nos resíduos plásticos[254, 255].

4.18.2.   Dia Mundial do Ambiente

Todos os anos, 5 de Junho é celebrado o Dia Mundial do Ambiente para sensibilizar e aumentar a acção governamental sobre a questão premente. Em 2018, a Índia foi anfitriã do 43º Dia Mundial do Ambiente e o tema foi "Derrote Plastic Pollution", com enfoque no plástico de utilização única ou descartável. O Ministério do Ambiente, Florestas, e Alterações Climáticas da Índia convidou as pessoas a assumirem a sua responsabilidade social e exortou-as a fazerem boas acções verdes na vida quotidiana. Vários estados apresentaram planos para proibir o plástico ou reduzir drasticamente a sua utilização [256].

4.18.3.   Outras acções

A 11 de Abril de 2013, com o objectivo de criar consciência, a artista Maria Cristina Finucci fundou The Garbage Patch State na sede da UNESCO [257] em Paris, França, em frente da Directora-Geral Irina Bokova. Este foi o primeiro de uma série de eventos sob o patrocínio da UNESCO e do Ministério do Ambiente italiano [258].

4.19. Referências

[1].   "Poluição plástica". Encyclopædia Britannica. Recuperado em 1 de Agosto de 2013.
[2].   Laura Parker (Junho de 2018). "Dependemos do Plástico". Agora estamos a afogar-nos nisto".
        National Geographic.com.Retrieved 25 de Junho de 2018.
[3].   Hammer, J; Kraak, MH; Parsons, JR (2012).
        "Plásticos no ambiente marinho: o lado negro de um presente moderno". Revisões de Contaminação Ambiental e Toxicologia. 220: 1–44. ISBN 978-1461434139
[4].   Hester, Ronald E.; Harrison, R. M. (editores) (2011).
        Marine Pollution and Human Health.Royal Society of Chemistry. pp. 84-85.
        ISBN 184973240X
[5].   Le Guern, Claire (Março de 2018). "Quando as sereias choram: A Grande Maré Plástica".
        Coastal Care.Arquivado a 5 de Abril de 2018.Recuperado a 10 de Novembro de 2018.
[6].   Jambeck, J. R.; et al. (13 de Fevereiro de 2015). "Entradas de resíduos plásticos da terra para o oceano".
        Ciência 347(6223): 768–771.
[7].   Jang, Y. C., Lee, J., Hong, S., Choi, H. W., Shim, W. J., & Hong, S. Y. 2015.
        "Estimar o influxo global e o stock de análises plásticas marinhas: abordagem preliminar".
        Journal of the Korean Society for Marine Environment and Energy, 18(4), 263-273.
[8].   Sutter, John D. (12 de Dezembro de 2016). "Como deter a sexta extinção em massa". CNN.
        Recuperado a 18 de Setembro de 2017.
[9].   "Cópia arquivada". Arquivado em 1 de Setembro de 2021. Recuperado a 6 de Outubro de 2021.
[10].   "As desconhecidas incógnitas da poluição plástica". The Economist. 3 de Março de 2018. Recuperado 17
        Junho de 2018.
[11].   Nomadic, G. (2016). "Tornar o dinheiro do lixo - a inovação ambiental lidera o caminho".
[12].   Mathieu-Denoncourt, et al. (Novembro de 2014).
        "Desregulação endócrina do plastificante": Destacar as espécies aquáticas não mamíferas".
        Endocrinologia geral e comparativa. 219: 74–88.
[13].   Walker, Tony R.; Xanthos, Dirk (2018).
        "Um apelo para que o Canadá avance para o desperdício zero de plástico, reduzindo e utilizando o plástico".
        Recursos, Conservação e Reciclagem. 133: 99–100.
[14].   "Recolha de lixo: Exercício sem sentido ou ferramenta poderosa na batalha para vencer a poluição plasmática?".
        unenvironment.org. 18 de Maio de 2018. Recuperado a 19 de Julho de 2019.
[15].   Laville, S. (2020). "Os materiais feitos pelo homem ultrapassam agora toda a biomassa da Terra - estudo".

The Guardian.Retrieved 9 de Dezembro de 2020.
[16].	National Geographic, 30 Out. 2020,
	"EUA gera mais lixo plástico do que qualquer outra nação, relatório encontra"
[17].	Programa das Nações Unidas para o Ambiente, 12 de Maio de 2019
	"Governos concordam com produtos químicos e resíduos de referência, incluindo resíduos plásticos".
[18].	The Guardian, 10 de Maio de 2019,
	"Quase todos os países concordam com o fluxo de resíduos plásticos 'Transformados em lixeiras'".
[19].	Phys.org, (2019) "180 Nations agree UN Deal to Regulate Export of Plastic Waste" (180 nações concordam com o acordo da ONU para regulamentar a exportação de resíduos plásticos)
[20].	"Dia histórico na campanha para vencer a poluição plástica: acordo juridicamente vinculativo".
	Programa das Nações Unidas para o Ambiente (PNUA). 2 de Março de 2022. Recuperado a 11 de Março de 2022.
[21].	Shams, M.; et al. (2021).
	"Poluição plástica durante a COVID-19: Directivas sobre os resíduos plásticos e o seu ambiente".
	Avanços Ambientais. 5: 100119.
[22].	Ana, Silva (2021).
	"Aumento da Poluição Plástica devido à Pandemia de Covid-19": Desafios Recomendações".
	Jornal de Engenharia Química. 405: 126683.
[23].	Membro, (2021). "A Grande Barreira de Bolhas: Como as bolhas estão a manter o plástico fora do mar".
	euronews.com. Euronews.green. Recuperado a 26 de Novembro de 2021.
[24].	"A indústria plástica adapta-se aos negócios durante a COVID-19". Notícias Plásticas. 13 de Março de 2020.
	Recuperado a 18 de Dezembro de 2021.
[25].	"Plástico no tempo de uma pandemia: protector ou poluidor?". Fórum Económico Mundial.
	Recuperado a 18 de Dezembro de 2021.
[26].	Monella, L. M. (2020). "A poluição de plástico irá piorar após a pandemia da COVID-19?".
	euronews. Recuperado a 18 de Dezembro de 2021.
[27].	Westervelt, Amy (14 de Janeiro de 2020). "Big Oil Bets Big on Plastic". Notícias Furadas.
	Arquivado em 18 de Dezembro de 2021. Recuperado a 18 de Dezembro de 2021.
[28].	Weisman A (2007). O mundo sem nós. Nova Iorque: Thomas Dunne Books/St. Martin's
	Imprensa. ISBN 978-1443400084.
[29].	Geyer R, Jambeck J, Law KL (2017). "Produção, utilização e destino de todos os plásticos alguma vez feitos".
	A ciência avança. 3 (7): e1700782.
[30].	Ambiente, ONU (2021).

"Afogamento em Plásticos - Lixo Marinho e Resíduos Plásticos Gráficos Vitais". PNUA - ONU

Programa Ambiental. Recuperado a 21 de Março de 2022.

[31]. Clive Cookson 2019.

[32]. Walker, T.R.; Reid, K.; Arnould, J.P.Y.; Croxall, J.P. (1997).
"Marine debris surveys at Bird Island, South Georgia 1990-1995". Poluição Marinha
Boletim. 34: 61–65.

[33]. Barnes, D. K. A.; Galgani, F.; Thompson, R. C.; Barlaz, M. (14 de Junho de 2009).
"Acumulação e fragmentação de detritos plásticos em ambientes globais". Filosófico
Transacções da Sociedade Real B: Ciências Biológicas. 364 (1526): 1985–1998.

[34]. Pettipas, Shauna; Bernier, Meagan; Walker, Tony R. (2016).
"Um quadro político canadiano para mitigar a poluição marinha por plástico".
Política Marinha. 68: 117–122.

[35]. Driedger, et al.(Março de 2015). "Lixo plástico nos Grandes Lagos Laurentianos":
Uma revisão"/
Journal of Great Lakes Research. 41 (1): 9–19.

[36]. Hannah Leung (21 de Abril de 2018).
"Cinco países asiáticos despejam mais plástico nos oceanos do que qualquer pessoa
que possa ajudar".
Forbes. Recuperado a 23 de Junho de 2019. China, Indonésia, Filipinas,

[37]. Cavaleiro 2012, p. 11.

[38]. Cavaleiro 2012, p. 13.

[39]. Cavaleiro 2012, p. 12.

[40]. Utilizador, Super. "Pequeno, Mais Pequeno, Microscópico!". Recuperado a 30 de
Novembro de 2017.
{{cite news}}}: |last= tem nome genérico (ajuda)

[41]. Otaga, Y. (2009). Boletim sobre a Poluição Marinha. 58 (10): 1437–1446.

[42]. Maio, Tiffany (7 de Outubro de 2020).
"Escondido sob a superfície do Oceano, Quase 16 milhões de toneladas de
Microplástico".
The New York Times.recuperada a 30 de Novembro de 2020.

[43]. "14 milhões de toneladas de microplásticos no fundo do mar: estudo australiano".
phys.org. Recuperado 9
Novembro de 2020.

[44]. Barrett, Justine; et al. (2020).
"Microplastic Pollution in Deep-Sea Sediments From the Great Australian Bight".
Fronteiras nas Ciências do Mar. 7. doi:10.3389/fmars.2020.576170

[45]. Sociedade Química, Americana.
"Plásticos nos Oceanos Decompõem, Libertam Produtos Químicos Perigosos,
Surpreendem".
Science Daily.Science Daily.Retrieved 15 de Março de 2015.

[46]. Chalabi, Mona (2019). "A Coca-Cola é o maior poluidor de plásticos do mundo -
novamente".
O Guardião. ISSN 0261-3077. Recuperado a 18 de Novembro de 2019.

[47]. "Global Brand Audit Report 2019". Liberte-se do Plástico. 18 de Outubro de 2019.
Recuperado em

18 de Novembro de 2019.

[48]. Priestland, Emma (5 de Novembro de 2020).

"Rápido a comprometer-se mas lento a mudar, as Corporações são economia circular para os plásticos".

Liberte-se do Plástico. Recuperado a 1 de Abril de 2022.

[49]. "Coca-Cola, PepsiCo, Nestlé são os piores poluidores plásticos de 2020", conclui o Novo Relatório".

EcoWatch. 11 de Dezembro de 2020. Recuperado a 1 de Abril de 2022.

[50]. "O Macroproblema dos Microplásticos". Instituto do Vale do Rio Ohio. 3 de Agosto de 2020. China,

o maior consumidor mundial de plásticos de utilização única.

[51]. "Progresso da Sustentabilidade das Acções da Coca-Cola". Coca-Cola Company.recuperada a 1 de Abril de 2022.

[52]. McVeigh, Karen (7 de Dezembro de 2020).

"Coca-Cola, Pepsi e Nestlé nomearam os principais poluidores plásticos pelo terceiro ano consecutivo".

O Guardião. Recuperado a 20 de Dezembro de 2020.

[53]. The Guardian, 1 Dez. 2021

"Dilúvio de Resíduos Plásticos": Os EUA geram mais resíduos do que todos os países da UE combinados".

[54]. 2021 Relatório de Estudo de Consenso do Comité de Peritos do National dos Estados Unidos da América

Academias de Engenharia, Medicina Científica "Reckoning Global Ocean Plastic Waste" (Reciclagem Global de Resíduos Plásticos Oceânicos)

[55]. Statista, Ian Tiseo, 14 Abr. 2021

"Produção de resíduos plásticos per capita em países seleccionados a nível mundial em 2016 (em km por ano)".

[56]. Science, Oct. 2020 "The United States' Contribution of Plastic Waste to Land and Ocean" [56].

[57]. Academias Nacionais de Ciências, Engenharia, e Medicina (2022). "Resumo".

Reckoning com os E.U.A. Role in Global Ocean Plastic Waste. Washington: O Nacional

Academies Press. p. 1. ISBN 978-0-309-45885-6. Recuperado em 20 de Junho de 2022.

[58]. Meijer, Lourens et al. (2021).

"Mais de 1000 rios são responsáveis por 80% das emissões globais de plástico fluvial do oceano".

A ciência avança.7 (18).

[59]. "Top 20 Países Classificados por Massa de Resíduos Plásticos Mal Geridos". Dia da Terra.org. 2018.

[60]. Kushboo Sheth (2019). "Países que colocam o lixo mais plástico nos oceanos". worldatlas.com.

[61]. Hannah Ritchie (11 de Outubro de 2022).

"Plásticos oceânicos": Quanto contribuem os países ricos enviando os seus resíduos para o estrangeiro".

Our World in Data.Retrieved 12 de Outubro de 2022.

[62]. Law, Kara Lavender; et al. (2020).
"A contribuição dos Estados Unidos dos resíduos plásticos para a terra e o oceano".
Avanços científicos.6 (44).
[63]. EcoWatch, 2021 "U.S. Continua a Enviar Resíduos Plásticos Ilegais para Países em Desenvolvimento".
[64]. Lebreton, Laurent; Andrady, Anthony (2019).
"Cenários futuros de produção e eliminação global de resíduos plásticos".
Palgrave Communications. Natureza. 5 (1). ISSN 2055-1045. Lebreton2019.
[65]. "Oceanos Plásticos". futureagenda.org. Londres.
[66]. Cheryl Santa Maria (2017). "ESTUDO: 95% do plástico no mar provém de 10 rios".
A Rede Meteorológica.
[67]. Duncan Hooper; Rafael Cereceda (20 de Abril de 2018).
"Que objectos de plástico causam mais desperdício no mar?". Euronews.
[68]. Christian Schmidt; Tobias Krauth; Stephan Wagner (11 de Outubro de 2017).
"Exportação de Detritos Plásticos pelos Rios para o Mar". Ciência e Tecnologia Ambiental.
51 (21): 12246–12253.
[69]. Harald Franzen (2017)". Quase todo o plástico no oceano vem de apenas 10 rios".
Deutsche Welle. Recuperado a 18 de Dezembro de 2018.
[70]. Daphne Ewing-Chow (20 de Setembro de 2019).
"As Ilhas das Caraíbas são os maiores poluidores plásticos per capita do mundo".
Forbes.
[71]. Hardesty, Britta Denise (2017).
"Desafios da Poluição Plástica em Ambientes Marinhos e Costeiros": Governação Global".
Ecologia da Restauração. 25: 123–128.
[72]. "A fronteira planetária segura de poluentes, incluindo os plásticos, ultrapassou, dizem os investigadores".
Centro de Resiliência de Estocolmo. Recuperado a 28 de Janeiro de 2022.
[73]. De Matteis, et al. (2022). "A systemic approach to tackling ocean plastic debris".
Sistemas e Decisões Ambientais. 42 (1): 136–145.
[74]. Thushari, G. G. N.; Senevirathna, J. D. M. (1 de Agosto de 2020).
"Poluição plástica no ambiente marinho". Heliyon. 6 (8): e04709..
[75]. "Sweeping New Report on Global Environmental Impact of Plastics Damage to Climate".
Centro de Direito Internacional do Ambiente. Recuperado a 16 de Maio de 2019.
[76]. Plástico e Clima: Os Custos Escondidos de um Planeta Plástico. 2019. Recuperado a 28 de Maio de 2019.
[77]. "Uma ameaça subestimada: Poluição baseada na terra com microplásticos". sciencedaily.com. 5
Fevereiro de 2018. Recuperado a 19 de Julho de 2019.
[78]. "Planeta plástico: Como pequenas partículas de plástico estão a poluir o nosso solo". unenvironment.org. 3
Abril de 2019. Recuperado a 19 de Julho de 2019.
[79]. "Resíduos plásticos mal geridos". O Nosso Mundo em Dados. 2010. Recuperado a 19 de Julho de 2019.

[80]. McCarthy, Niall. "The Countries Polluting The Oceans The Most". statista.com. Recuperado em
19 de Julho de 2019.
[81]. Carrington, D. (2021). "'Disastrus' plastic use in farming threatens food safety - UN". The Guardian.Retrieved 8 de Dezembro de 2021.
[82]. Aggarwal,Poonam; (et al.) Interactive Environmental Education Book VIII. Pitambar Publicação. p. 86. ISBN 8120913736
[83]. "Soluções de desenvolvimento": Construir um oceano melhor". Banco Europeu de Investimento. Recuperado em
19 de Agosto de 2020.
[84]. Honingh, D.; et al. (2020).
"Aumento do nível da água do rio urbano através de um Acúmulo de Resíduos Plásticos. numa Estrutura de Rack".
Fronteiras nas Ciências da Terra. 8. ISSN 2296-6463.
[85]. hermesauto (6 de Setembro de 2016).
"Sacos de plástico entupindo os esgotos de Banguecoque complicam os esforços para combater as inundações".
The Straits Times.Retrieved 17 de Novembro de 2020.
[86]. "Invisíveis". orbmedia.org. Arquivado a 6 de Setembro de 2017. Recuperado a 15 de Setembro de 2017.
[87]. "Contaminação de Polímeros Sintéticos em Água Potável Global". orbmedia.org. Recuperado em
19 de Setembro de 2017.
[88]. "A sua água da torneira pode conter plástico, avisam os investigadores". Recuperado a 15 de Setembro de 2017.
[89]. editor, Damian Carrington Environment (5 de Setembro de 2017).
"Fibras plásticas encontradas na água da torneira em todo o mundo, revela o estudo". O Guardião. ISSN
0261-3077. Recuperado a 15 de Setembro de 2017.{{{{cite news}}}: |last= tem nome genérico.
[90]. Lui, Kevin. "Encontram-se fibras plásticas em '83% da água da torneira do mundo'". Tempo. Recuperado
15 de Setembro de 2017.
[91]. Li, P., Wang, X., Su, M., Zou, X., Duan, L., & Zhang, H. (2020). Características do plástico
poluição do ambiente: Uma revisão. Boletim de Contaminação Ambiental e
Toxicologia, 107(4), 577-584.
[92]. Mbachu, O., Jenkins, G., Kaparaju, P., & Pratt, C. (2021). A ascensão do carbono artificial do solo
entradas: Revisão dos efeitos da poluição por microplásticos no ambiente do solo. Ciência da
Ambiente   Total, 780, 14656.
[93]. Chae, Y., &An, Y.-J. (2018). Tendências actuais da investigação sobre poluição plástica e ecológica
impactos no ecossistema do solo: Uma revisão. Poluição ambiental, 240, 387-395.

[94].   Wei, F., et al. (2022). Distribuição de microplásticos nas lamas de tratamento de águas residuais
        plantas em Chengdu, China. Chemosphere, 287, 132357.
[95].   Yang, J., et al, (2021). Microplásticos num solo agrícola após aplicação repetida
        de três tipos de lamas de depuração: Um estudo de campo. Poluição ambiental, 289, 117943.
[96].   Weisman, Alan (2007). O Mundo Sem Nós. St. Martin's Thomas Dunne Books.
        ISBN 978-0312347291.
[97].   "Poluição plástica marinha". UICN. 25 de Maio de 2018. Recuperado a 1 de Fevereiro de 2022.
[98].   H, Eskarina; (2022). "Nanoplásticos na neve": O extenso impacto da poluição plástica".
        Governo de Acesso Aberto. Recuperado a 1 de Fevereiro de 2022.
[99].   Jang, Y. C., et al,. (2015). Estimativa do afluxo global e do stock de detritos plásticos marinhos
        utilizando a análise do fluxo de material: uma abordagem preliminar. Journal of the Korean Society for
        Ambiente Marinho e Energia, 18(4), 263-273.
[100]. "Afogamento em Plásticos - Lixo Marinho e Resíduos Plásticos Gráficos Vitais". PNUA - ONU
        Programa Ambiental. 21 de Outubro de 2021. Recuperado a 21 de Março de 2022.
[101]. Wright, Pam (6 de Junho de 2017).
        "Conferência Oceânica da ONU: O plástico despejado nos oceanos poderia dizer o Secretário-Geral".
        The Weather Channel.Retrieved 5 de Maio de 2018.
[102]. Ostle, Clare; Thompson, Richard C.; Broughton, Derek; Gregory, Lance; Wootton, Marianne; Johns, David G. (2019).
        "O aumento dos plásticos oceânicos evidenciado a partir de uma série temporal de 60 anos". Natureza
        Comunicações. 10 (1): 1622.
[103]. "Investigação |AMRF/ORV Alguita Research Projects". Arquivado a 13 de Março de 2017 no
        Wayback Machine Algalita Marine Research Foundation.Macdonald Design. Recuperado
        19 de Maio de 2009
[104]. PNUA (2005). Lixo marinho: Uma visão geral analítica
[105]. Seis anéis de embalagem de perigo para a vida selvagem Arquivados a 13 de Outubro de 2016 na Wayback Machine.
        helpwildlife.com
[106]. Louisiana Fisheries - Fact Sheets. seagrantfish.lsu.edu
[107]. "'Pesca fantasma' matando aves marinhas". BBC News. 28 de Junho de 2007.
[108]. Efferth, Thomas; Paul, Norbert W (Novembro 2017).
        "Ameaças à saúde humana por grandes manchas de lixo oceânico". A saúde planetária da Lancet. 1
        (8): e301-e303.
[109]. Gibbs, S. E.; et al. (2019).

"Avistamentos de cetáceos dentro da Grande Mancha de Lixo do Pacífico". Biodiversidade Marinha. 49 (4):
2021–2027.
[110]. "Poluição de Plástico Marinho". UICN. 17 de Novembro de 2021. Recuperado em 14 de Dezembro de 2021.
[111]. "Plástico nos Nossos Oceanos Está a Matar Mamíferos Marinhos". WWF. 1 de Julho de 2021. Recuperado 14
Dezembro de 2021.
[112]. Blettler, et al. (2018).
"Poluição plástica da água doce: Reconhecimento de vieses de investigação que identificam lacunas de conhecimento".
Investigação sobre a água. 143: 416–424.
[113]. Azevedo-Santos, et al. (2021). "Poluição plástica": Um enfoque na biodiversidade da água doce".
Ambio. 50 (7): 1313–1324.
[114]. Winton, Debbie J.; et al. (2020).
"Poluição de macroplásticos em ambientes de água doce: Focalização da acção pública e política".
Ciência do Ambiente Total. 704: 135242.
[115]. Schmidt, Christian; Krauth, Tobias; Wagner, Stephan (7 de Novembro de 2017).
"Exportação de Detritos Plásticos pelos Rios para o Mar". Ciência e Tecnologia Ambiental.
51 (21): 12246–12253.
[116]. Lebreton, L; et al M.; (2017). "Emissões de plástico fluvial para os oceanos do mundo".
Comunicações da Natureza. 8 (1): 15611.
[117]. Wu, Yanmei; et al (2019).
"Efeito da exposição a microplásticos no sistema de fotossíntese de algas de água doce".
Journal of Hazardous Materials. 374: 219–227.
[118]. Kalčíková, Gabriela; et al. (2017).
"Impacto das microesferas de polietileno na lentilha de água doce Lemna minor".
Poluição ambiental. 230: 1108–1115.
[119]. Spirkovski, Z.; et al. (2019). "Remoção da rede fantasma no antigo lago Ohrid: Um estudo piloto".
Investigação Pesqueira. 211: 46–50.
[120]. Cui, Rongxue; Kim, Shin Woong; An, Youn-Joo (2017).
"Os nanoplásticos de poliestireno inibem a reprodução do crustáceo de água doce Daphnia galeata".
Relatórios científicos. 7 (1): 12095.
[121]. Araújo, Amanda Pereira da Costa; Malafaia, Guilherme (2020).
"Pode curta exposição a espécies de microplásticos de polietileno pertencentes à ordem anura".
Journal of Hazardous Materials. 391: 122214.
[122]. Niemi, Gerald J.; McDonald, Michael E. (2004). "Aplicação de Indicadores Ecológicos".

Revisão Anual da Ecologia, Evolução, e Sistemática. 35 (1): 89–111.
[123]. Jin, Yuanxiang; et al. (2018).
"Os microplásticos de poliestireno induzem a microbiota disbiose e a inflamação do zebrafish adulto".
Poluição ambiental. 235: 322–329.
[124]. Rastelli, Marialetizia; Cani, Patrice D; Knauf, Claude (13 de Maio de 2019).
"O Microbioma Intestinal Influencia as Funções Endócrinas do Anfitrião". Revisões Endócrinas. 40 (5):
1271–1284.
[125]. Kannan, Kurunthachalam; Vimalkumar, Krishnamoorthi (18 de Agosto de 2021).
"A Review of Human Exposure to Microplastics and Insights Into Obesogens". Frontiers
em Endocrinologia. 12: 724989.
[126]. D'Angelo, S.; Meccariello, R. (2021). "Microplásticos": Uma Ameaça para a Fertilidade Masculina".
International Journal of Environmental Research and Public Health. 18 (5): 2392.
[127]. "Relatório: O Plástico Ameaça a Saúde Humana à Escala Global".
Coalizão para a Poluição Plástica. 20 de Fevereiro de 2019. Recuperada a 14 de Dezembro de 2021.
[128]. "Ocean Plastics Pollution". Centro para a Diversidade Biológica. Recuperado a 17 de Maio de 2019.
[129]. Carrington, Damian (2022). "Microplásticos encontrados no sangue humano pela primeira vez".
O Guardião. Recuperado a 28 de Março de 2022.
[130]. Norte, Emily J.; Halden, R. (2013). "Plásticos e saúde ambiental: a estrada à frente".
Revisões sobre Saúde Ambiental. 28 (1): 1–8.
[131]. "A poluição plástica global está a aproximar-se de um ponto de viragem irreversível?". phys.org. Recuperado 13
Agosto 2021.
[132]. MacLeod, Matthew; Arp, Hans Peter H.; Tekman, Mine B.; Jahnke, Annika (2 de Julho de 2021).
"A ameaça global da poluição plástica". A ciência. 373 (6550): 61–65.
[133]. Malkin, Bonnie (8 de Julho de 2009). "A cidade australiana proíbe a água engarrafada". The Daily Telegraph.
Arquivado a 12 de Janeiro de 2022. Recuperado a 1 de Agosto de 2013.
[134]. "Pledging for a plastic-free dining culture | Daily FT". www.ft.lk. Recuperado a 22 de Agosto
2020.
[135]. Pessoal, Resíduos 360 (2019). "Foi lançada uma nova Aliança Global para Acabar com os Resíduos Plásticos".
Resíduos360. Recuperado a 18 de Janeiro de 2019.
[136]. "Acabar com a poluição plástica": Rumo a um instrumento internacional juridicamente vinculativo*". Unidos ".
Programa Ambiental das Nações Unidas. Recuperado a 13 de Março de 2022.
[137]. Thompson, R. C.; Moore, C. J.; vom Saal, F. S.; Swan, S. H. (14 de Junho de 2009).
"Plásticos, ambiente e saúde humana: consenso actual e tendências futuras".

Transacções Filosóficas da Sociedade Real B: Ciências Biológicas. 364 (1526): 2153–2166.

[138]. Selke, S.; et al. (2015). "Evaluation of Biodegradation-Promoting Additives for Plastics".
Ciência e Tecnologia Ambiental. 49 (6): 3769–3777.

[139]. "Alternativas plásticas podem agravar a poluição marinha, advertem os deputados". O Guardião. 12
Setembro de 2019. Recuperado a 12 de Setembro de 2019.

[140]. "Insectos em todo o mundo estão a evoluir para comer plástico, achados de estudo". O Guardião. 14 Dez. 2021.

[141]. "O nosso planeta a afogar a poluição plástica". Dia Mundial do Ambiente, é tempo de uma mudança".
www.unep.org. Recuperado a 27 de Março de 2021.

[142]. Verma, Rinku; Vinoda, K.S.; Papireddy, M.; Gowda, A.N.S. (1 de Janeiro de 2016).
"Toxic Pollutants from Plastic Waste - A Review". Procedia Ciências Ambientais. 35:
701–708.

[143]. Groff, Tricia (2010). "Bisfenol A: poluição invisível". Opinião actual em Pediatria. 22
(4): 524–529.

[144]. "EN 13432". Plásticos Verdes.

[145]. Banco, Investimento Europeu (2020). O Roteiro do Banco Climático do Grupo BEI 2021-2025.
Banco Europeu de Investimento. ISBN 978-9286149085.

[146]. Banco, Investimento Europeu (14 de Outubro de 2020). A Iniciativa Oceanos Limpos. Europeia
Banco de Investimento.

[147]. Banco, Investimento Europeu (9 de Outubro de 2020). O BEI e a Iniciativa Oceanos Limpos.
Banco Europeu de Investimento.

[148]. BNN Bloomberg, 2020, "Voluntary Efforts World's Plastic Problem Aren't Working" [148].

[149]. Farrelly, Trisia; Green, Laura (11 de Maio de 2020).
"The Global Plastic Pollution Crisis: how should New Zealand respond?". Política Trimestralmente. 16 (2).

[150]. Tabuchi, Hiroko; Corkery, Michael (12 de Março de 2021).
"Países Tentaram Limitar o Comércio de Resíduos Plásticos. The U.S.Is Shipping More". O Novo
York Times. ISSN 0362-4331. Recuperado a 17 de Março de 2021.

[151]. Farrelly, Trisia. "Precisamos de um tratado juridicamente vinculativo para fazer com que a poluição plástica passe à história".
A Conversa. Recuperado a 14 de Abril de 2021.

[152]. "Um acordo juridicamente vinculativo sobre poluição plástica - FAQs - EIA". eia-international.org.
Recuperado a 14 de Abril de 2021.

[153]. "ONGs e empresas apelam a um Tratado da ONU sobre Poluição Plástica". Fundo Mundial para a Vida Selvagem.

Recuperado a 14 de Abril de 2021.

[154]. "Tratado global para combater a poluição plástica ganha vapor sem os EUA e o Reino Unido". O Guardião.

16 de Novembro de 2020. Recuperado a 14 de Abril de 2021.

[155]. "Resultados da Sessão Online": UNEA-5". Assembleia do Meio Ambiente. Recuperado a 14 de Abril

2021.

[156]. Geddie, John; Brock, Joe (2 de Março de 2022).

"'O maior negócio verde desde Paris': A ONU concorda com o roteiro do tratado de plástico". Reuters.

[157]. "Organismo da ONU pesa um tratado global para combater a poluição plástica". ABC News. Recuperado a 3 de Julho

2022.

[158]. Brooks, Amy L.; Wang, Shunli; Jambeck, Jenna R. (Junho de 2018).

"A proibição de importação chinesa e o seu impacto no comércio global de resíduos plásticos". A ciência avança.

4 (6): eaat0131.

[159]. "Turquia para proibir a importação de resíduos plásticos". O Guardião. 19 de Maio de 2021. Recuperado a 26 de Janeiro.

2022.

[160]. Lee, Yen Nee (25 de Janeiro de 2019).

"Malásia, seguindo os passos da China, proíbe a importação de resíduos plásticos". CNBC.

Recuperado a 26 de Janeiro de 2022.

[161]. "O Camboja sonda empresa chinesa sobre importações ilegais de resíduos". Reuters. 19 de Julho de 2019.

Recuperado a 26 de Janeiro de 2022.

[162]. "Tailândia proibir a importação de lixo de alta tecnologia, resíduos plásticos". Reuters. 16 de Agosto de 2018.

Recuperado a 26 de Janeiro de 2022.

[163]. Verde, Adam (1 de Julho de 2020). "Os recicladores recorrem a robôs AI após proibições de importação de resíduos".

Financial Times.recuperado a 26 de Janeiro de 2022.

[164]. "'Colonialismo do desperdício': o mundo luta com o plástico não desejado do Ocidente". O Guardião. 31

Dezembro de 2021. Recuperado a 26 de Janeiro de 2022.

[165]. "Os países ricos estão a exportar ilegalmente lixo plástico para países pobres, sugerem os dados".

Grist. 15 de Abril de 2022. Recuperado a 3 de Julho de 2022.

[166]. Qureshi, Muhammad Saad; et al. (1 de Novembro de 2020). "Pirólise dos resíduos plásticos":

Oportunidades e desafios". Journal of Analytical and Applied Pyrolysis (Revista de Pirólise Analítica e Aplicada). 152: 104804.

[167]. Zorpas, Antonis A. (1 de Abril de 2016). "Gestão sustentável dos resíduos através do fim dos resíduos
    desenvolvimento de critérios". Ciência Ambiental e Investigação da Poluição. 23 (8): 7376–7389.
[168]. Ulrich, Viola (2019). "Plastikmüll und Recycling": Acht Mythen und Irrtümer". DIE
    BEM-VINDO. Recuperado a 26 de Janeiro de 2022.
[169]. Enck, Judith; Dell, Jan (2022). "A Reciclagem de Plástico Não Funciona e Nunca Funcionará".
    O Atlântico. Recuperado a 3 de Julho de 2022.
[170]. "Avanço na separação dos resíduos plásticos": As máquinas distinguem agora 12 tipos de plástico".
    Universidade de Aarhus. Recuperada a 19 de Janeiro de 2022.
[171]. Henriksen, M, L.; et al. (1 de Janeiro de 2022).
    "Classificação plástica através de análise de câmara hiper-espectrais em linha e aprendizagem não superior".
    Espectroscopia Vibracional. 118: 103329.
[172]. Arquivado a 2 de Junho de 2012. Recuperado a 3 de Fevereiro de 2013.
[173]. "Ciclo de vida de um produto plástico". American.chemistry.com.Archived on 17 March 2010.
    Recuperado a 3 de Setembro de 2012.
[174]. "Factos e Números sobre Materiais, Resíduos e Reciclagem". Estados Unidos da América Environmental
    Agência de Protecção. 2017. Recuperada a 12 de Janeiro de 2020.
[175]. "Redução de resíduos: 'Recarregar apenas uma garrafa e cortar a utilização de plástico'". BBC News. 15 de Janeiro de 2022.
    Recuperado a 21 de Fevereiro de 2022.
[176]. Hildahl, Grace.
    "Opinião | Pare de comprar a garrafa e abrace as estações de recarga amigas do ambiente".
    O Daily Iowan. Recuperado a 21 de Fevereiro de 2022.
[177]. "Este supermercado britânico vai ser reabastecido para ajudar o planeta - e poupar dinheiro aos compradores".
    Fórum Económico Mundial. Recuperado a 21 de Fevereiro de 2022.
[178]. Lorraine Chow J, Lorraine (25 de Janeiro de 2019).
    "As Marcas Maiores do Mundo Aderem ao Novo Modelo Ambicioso de Embalagem". Ecowatch.recuperados 27
    Janeiro de 2019.
[179]. HIRSH, SOPHIE (21 de Maio de 2019).
    "'Loop' Lança nos EUA, Trazendo aos Clientes Produtos de Amor num Modelo Milkman".
    Greenmatters.Recuperado em 27 de Maio de 2019.
[180]. "8 formas simples de reduzir a sua utilização de plástico". NBC News.recuperada a 21 de Fevereiro de 2022.
[181]. "Pode realmente ter uma cozinha sem plástico?". BBC Food. Recuperado a 21 de Fevereiro de 2022.
[182]. Li, Dunzhu; et al. (Novembro de 2020).

"Libertação de microplástico a partir da degradação da preparação da fórmula de alimentação de polipropileno".

Alimentação natural. 1 (11): 746–754.. Recuperado a 9 de Novembro de 2020.

[183]. Zuccarello, P.; et al. (2019).

"Exposição a microplásticos(<10 µm)consumo associado: O primeiro estudo quantitativo".

Investigação sobre a água. 157: 365–371. ISSN 0043-1354.

[184]. Zangmeister, et al. (2022).

"Nanopartículas por litro de uso comum de consumo único em água durante o uso normal".

Ciência e Tecnologia Ambiental. 56 (9): 5448–5455

[185]. Wichai-utcha, N.; Chavalparit, O. (1 de Janeiro de 2019).

"3Rs Policy and plastic waste management in Thailand". Diário de Ciclos de Materiais e

Gestão de resíduos. 21 (1): 10–22.

[186]. Mohammed, Musa; et al. (Janeiro de 2021).

"Modelação de 3R (Reduzir, Reduzir: Modelação de Equações Estruturais (PLS-SEM)".

Sustentabilidade. 13 (19): 10660.

[187]. Zamroni, M.; et a,l. (2020).

"O Programa de Gestão de Resíduos de 3R (Reduzir, Reutilizar, Reciclar) Apoio às Instalações".

Journal of Physics: Série de conferências. 1471 (1): 012048.

[188]. Eberle, Ute (15 de Agosto de 2020).

"Poderá uma solução para os resíduos plásticos marinhos ameaçar um dos ecossistemas do oceano?".

Deutsche Welle. Ecowatch. Recuperado a 24 de Agosto de 2020.

[189]. Narula, Maheshpreet Kaur (8 de Junho de 2021)

"Uma 'Barreira de Bolhas' está a apanhar resíduos plásticos antes de poder entrar no mar". CNN.com.

CNN. Recuperado a 26 de Novembro de 2021.

[190]. "Waterschap en gemeente halen plastic uit de grachten". www.waternet.nl. Waterschap .

Amstel Gooi en Vecht. Recuperado a 26 de Novembro de 2021.

[191]. "Bubble Barrier Westerdok". www.amstrdam.nl. Gemeente Amsterdam (Cidade de Amesterdão). Recuperado a 26 de Novembro de 2021.

[192]. "Projecto": Limes Bubble Barrier Katwijk". endplasticsoup.nl. Rotary Clubs de Amesterdão.

22 de Julho de 2021. Recuperado a 26 de Novembro de 2021.

[193]. Wolfsbergen, Mirjam (5 de Setembro de 2021).

"Limes Bubble Barrier moet moet plastic Katwijk tegenhouden voordat het de zee in stroomt".

omroepwest.nl. Omroep West (holandês

notícias regionais). Recuperado a 26 de Novembro de 2021.

[194]. Ritchie, et al. (2018). "Poluição Plástica". O Nosso Mundo em Dados. Recuperado em 3 de Julho de 2022.

[195]. "Resíduos plásticos emitidos para o oceano". Our World in Data.Retrieved 3 de Julho de 2022.
[196]. "De onde vem o plástico nos nossos oceanos?". O nosso mundo em dados. Recuperado em 3 de Julho
    2022.
[197]. Meijer, Lourens J.; et al. (2021).
    "Mais de 1000 rios são responsáveis por 80% das emissões globais de plástico para o oceano".
    A ciência avança. 7 (18).
[198]. "A China despeja 200 milhões de metros cúbicos de resíduos no mar depois de os ter atirado aos rios".
    O Independente. 29 de Outubro de 2019. Recuperado a 3 de Julho de 2022.
[199]. Lebreton, L., et al. (2017). "Emissões de plástico fluvial para os oceanos do mundo". Natureza
    Comunicações. 8 (1): 15611
[200]. Willis, Kathryn; et al. (2022). "A gestão local de resíduos reduz com sucesso a poluição costeira
    poluição plástica". Uma Terra. 5 (6): 666–676.
[201]. Frost, Rosie (9 de Maio de 2022). "Os resíduos plásticos podem agora ser encontrados e controlados a partir do espaço".
    euronews. Recuperado a 24 de Junho de 2022.
[202]. "Global Plastic Watch". www.globalplasticwatch.org. Recuperado a 24 de Junho de 2022.
[203]. "Rama: Albânia o primeiro país da Europa a proibir legalmente os sacos de plástico | Internacional".
    rti.rtsh.al. 13 de Junho de 2018. Recuperado a 29 de Julho de 2018.
[204]. "Albânia proíbe sacos de plástico não-biodegradáveis". Tirana Times. 4 de Julho de 2018. Recuperado 21
    Julho de 2018.
[205]. "Balkans bans the bag". makeresourcescount.eu. 3 de Julho de 2017. Recuperado a 23 de Julho de 2018.
[206]. Wahlquist, Calla (15 de Abril de 2021).
    "'Plásticos de utilização única' a serem gradualmente eliminados na Austrália a partir de 2025 incluem e palhinhas".
    O Guardião. Recuperado a 21 de Janeiro de 2022.
[207]. "Que estados australianos estão a proibir o plástico de utilização única?".
    Sociedade Australiana de Conservação Marinha. 6 de Dezembro de 2021. Recuperado a 21 de Janeiro de 2022.
[208]. "Plano Nacional de Plásticos 2021". Departamento da Agricultura, da Água e do Ambiente".
    Governo australiano. 3 de Outubro de 2021. Recuperado a 21 de Janeiro de 2022. CC BY 4.0.
[209]. Newburger, Emma (21 de Junho de 2022).
    "O Canadá está a proibir os plásticos de utilização única, incluindo sacos e palhinhas de mercearia". CNBC.
    Recuperado a 4 de Julho de 2022.

[210]. "Plástico de uso único": China para proibir sacos e outros artigos". BBC. 20 de Janeiro de 2020. Recuperado em
  23 de Fevereiro de 2020.
[211]. "China proibir sacos e palhinhas de plástico de utilização única". Deutsche Welle. 20 de Janeiro de 2020.
  Recuperado a 23 de Fevereiro de 2020.
[212]. Barbière, Cécile (29 de Abril de 2015). "UE reduzir para metade a utilização de sacos de plástico até 2019". Euroactivo.
  Recuperado a 23 de Fevereiro de 2020.
[213]. Matthews, Lyndsey (2019). "Os plásticos de uso único serão proibidos na Europa até 2021".
  Afar. Recuperado a 23 de Fevereiro de 2020.
[214]. EUR-Lex, Directiva (UE) 2019/904 do Parlamento Europeu e do ambiente,
  acedido a 8 de Agosto de 2021
[215]. "Plástico de utilização única". ec.europa.eu/. Comissão Europeia. Recuperado a 28 de Novembro de 2021.
[216]. "The importance of the SUP Directive". www.interregeurope.eu. União Europeia
  CaponLitter. Recuperado a 28 de Novembro de 2021.
[217]. Rall, Katharina. "EU Takes Step Towards Banning Plastic Waste Exports". Direitos Humanos
  relógio. Recuperado a 6 de Dezembro de 2022.
[218]. Mathew, Liz (2019). "From 2 October, Govt to crack down on single-use plastic".
  O Expresso indiano. Recuperado a 5 de Setembro de 2019.
[219]. "Evitar o uso de água engarrafada". Recuperado a 2 de Setembro de 2016.
[220\. "Evitar o uso de água engarrafada". Recuperado a 2 de Setembro de 2016.
[221]. "Proibição de produtos de esferovite e garrafas de água embaladas". Recuperado a 2 de Setembro de 2016.
[222]. "Bihar proíbe garrafas de água embaladas em plástico". Recuperado a 2 de Setembro de 2016.
[223]. "Regras verdes dos Jogos Nacionais". O Hindu.
[224]. "Jogos Nacionais": Painel Verde Recomenda a Proibição do Plástico". O Novo Expresso Indiano.
[225]. "Kochi a 'Museum City' Too". O Novo Expresso Indiano. 8 de Fevereiro de 2016. Arquivado em 2
  Abril de 2015. Recuperado a 27 de Abril de 2016.
[226]. "Jogos Nacionais 2015": Passos Simples para Manter os Jogos Verdes". yentha.com. Arquivado em 1
  Dezembro de 2017. Recuperado a 26 de Setembro de 2016.
[227]. "Estabelecer um Novo Precedente". O Novo Expresso Indiano.
[228]. "Proibição do plástico em Bangalore" (PDF).
[229]. "Proibição plástica em Maharashtra: O que é permitido, o que é banido". TheIndianExpress. 27
  Junho de 2018. Recuperado a 29 de Dezembro de 2018.
[230]. "Gestão de Resíduos Plásticos em Maharashtra". Conselho de Controlo da Poluição em Maharashtra. 23

Junho de 2018. Arquivado a 21 de Agosto de 2018. Recuperado a 29 de Dezembro de 2018.

[231]. "A Índia começa a proibir os plásticos de utilização única, incluindo copos e palhinhas". Imprensa associada.

NPR. 1 de Julho de 2022. Recuperado a 4 de Julho de 2022.

[232]. Paddock, Richard C. (3 de Julho de 2020). [Poluição plástica "Depois de combater o plástico no 'Paraíso

Lost,' Sisters Take On Climate Change"]. The New York Times". Recuperado a 4 de Julho de 2020.

{{cite news}}}: Verificar |url= valor (ajuda)

[233]. "How Teenage Sisters Pushed Bali To Say 'Bye-Bye' To Plastic Bags". NPR.org.

Recuperado em 3 de Fevereiro de 2019.

[234]. "Global". Adeus Sacos de Plástico. 12 de Janeiro de 2018. Recuperado a 21 de Janeiro de 2022.

[235]. Ben Zikri, Almogri; Rinat, Zafrir (3 de Junho de 2019).

"In First for Israel, Two Seaside Cities Ban Plastic Disposables on Beaches". Haaretz.

Recuperado a 4 de Junho de 2019.

[236]. Peleg, (2020). "Citando Preocupações Ambientais, Proibições de Tel Aviv Descartáveis nas Praias".

Haaretz. Recuperado a 26 de Abril de 2020.

[237]. "16 vezes os países e as cidades proibiram os plásticos de uso único". Cidadão Global.

Recuperado a 7 de Abril de 2020.

[238]. Morton, Jamie (27 de Junho de 2021).

"Novas proibições de plástico visam talheres difíceis de reciclar, bandejas de carne, recipientes para levar". Novo

Herald da Zelândia. Recuperado a 28 de Junho de 2021.

[239]. Opara, George (21 de Maio de 2019).

"Reps pass Bill que proíbe sacos de plástico, prescreve multas contra os infractores". Correio Diário.

Recuperado em 27 de Maio de 2019.

[240]. Martinko, Katherine (2018). "Supermercado do Reino Unido promete ficar sem plástico até 2023".

TreeHugger. Recuperado a 26 de Janeiro de 2019.

[241]. Turn, Anna (2 de Março de 2020).

"É Realmente Possível Ir 'Livre de Plástico'? Esta Cidade Está a Mostrar o Mundo Como".

Posto Huffington. Recuperado a 16 de Março de 2020.

[242]. Rosane, Olivia (2020). "McDonald's UK Happy Meals Will Be Plastic Toy Free".

Ecowatch. Recuperado a 20 de Março de 2020.

[243]. "Proibição da garrafa de água é um sucesso; as vendas de bebidas engarrafadas despencaram | A Fonte". O

Fonte. 20 de Abril de 2016. Recuperado a 24 de Março de 2020.

[244]. "State Plastic Bag Legislation".

[245]. Nace, Trevor (23 de Abril de 2019). "New York Officially Bans Plastic Bags". Forbes.
  Recuperado em 12 de Maio de 2019.
[246]. Ouro, Michael (22 de Abril de 2019). "Papel ou Plástico? Time to Bring Your Own Bag". O
  New York Times. The New York Times. Recuperado em 12 de Maio de 2019.
[247]. Rosane, Olivia (1 de Maio de 2019). "Maine First U.S. State to Ban Styrofoam Containers".
  Ecowatch. Recuperado a 25 de Novembro de 2019.
[248]. Rosane, Olivia (18 de Dezembro de 2019).
  "A Águia Gigante torna-se o primeiro retalhista americano do seu tamanho a estabelecer uma saída faseada de plástico de uso único".
  Ecowatch. Recolhido em 20 de Dezembro de 2019.
[249]. Fundação Mercados em Mudança, (17 de Setembro de 2020)
  "Relatório Inédito Revela Hipocrisia da Maior Crise do Mundo por Décadas"
[250]. Rádio Pública Nacional, 12 de Setembro de 2020
  "Quão grande é o petróleo enganado pelo público para acreditar que o plástico seria reciclado"
[251]. PBS, Frontline (2020), "Plastics Industry Insiders Reveal the Truth About Recycling" (Os Insiders da Indústria do Plástico Revelam a Verdade sobre a Reciclagem)
[252]. Dia da Terra 2019 CleanUp
[253]. Rede do Dia da Terra Lança Grande Limpeza Global
[254]. 50° Aniversário do Dia da Terra Great Global CleanUp
[255]. Planos em curso para o 50° Aniversário do Dia da Terra
[256]. "All You Need To Know About India's Beat Plastic Pollution" Movement". 13 de Novembro de 2018.
[257]. "O território da mancha de lixo transforma-se num novo estado". Educação das Nações Unidas,
  Organização Científica e Cultural (UNESCO). 22 de Maio de 2019.
[258]. "Rifiuti Diventano Stato, Unesco 'Garbage Patch' | Siti - Patrimonio Italiano Unesco".
  Arquivado a 14 de Julho de 2014. Recuperado a 3 de Novembro de 2014.
[259]. Derraik, José G.B (2002). "A poluição do ambiente marinho por detritos plásticos": A
  revisão". Boletim sobre a Poluição Marinha. 44 (9): 842–52.
[260]. Hopewell, Jefferson; Dvorak, Robert; Kosior, Edward (2009).
  "Reciclagem de plásticos": Desafios e oportunidades". Transacções Filosóficas do Sociedade Real B: Ciências Biológicas. 364 (1526): 2115–26.
[261]. Knight, Geof (2012). Plastic Pollution.Capstone. ISBN 978-1432960391
[262]. Clive Cookson, Leslie Hook (2019),
  "Milhões de pedaços de resíduos plásticos encontrados na remota cadeia de ilhas", Financial Times,
  Recuperado em 31 de Dezembro de 2019.

Capítulo (5)

Conclusões

A poluição plástica é a acumulação de objectos e partículas de plástico (por exemplo, garrafas, sacos e microesferas de plástico) no ambiente terrestre que afecta negativamente os seres humanos, a vida selvagem e o seu habitat. Os plásticos que actuam como poluentes são classificados por tamanho em micro, meso-, ou macro detritos. Os plásticos são baratos e duráveis, tornando-os muito adaptáveis para diferentes utilizações; como resultado, os fabricantes optam por utilizar o plástico em vez de outros materiais. No entanto, a estrutura química da maioria dos plásticos torna-os resistentes a muitos processos naturais de degradação e, como resultado, são lentos a degradar-se. Juntos, estes dois factores permitem que grandes volumes de plástico entrem no ambiente como lixo mal gerido e que este persista no ecossistema.

A poluição plástica pode afligir a terra, os cursos de água e os oceanos. Estima-se que 1,1 a 8,8 milhões de toneladas de resíduos plásticos entram anualmente no oceano provenientes de comunidades costeiras. Estima-se que existe um stock de 86 milhões de toneladas de resíduos plásticos marinhos no oceano mundial a partir do final de 2013, com um pressuposto de que 1,4% dos plásticos globais produzidos entre 1950 e 2013 tenham entrado no oceano e aí se tenham acumulado. Alguns investigadores sugerem que até 2050 poderá haver mais plástico do que peixe nos oceanos em termos de peso. Os organismos vivos, particularmente os animais marinhos, podem ser prejudicados quer por efeitos mecânicos como o enredamento em objectos plásticos, problemas relacionados com a ingestão de resíduos plásticos, quer através da exposição a produtos químicos dentro dos plásticos que interferem com a sua fisiologia. Os resíduos plásticos degradados podem afectar directamente os seres humanos tanto através da ingestão directa (isto é, na água da torneira), do consumo indirecto (por ingestão de animais), como da perturbação de vários mecanismos hormonais e mecânicos.

As duas formas comuns de recolha de resíduos incluem a recolha de resíduos em zonas de contenção e a utilização de centros de reciclagem de lixeiras. Cerca de 87 % da população dos Estados Unidos (273 milhões de pessoas) tem acesso a centros de reciclagem de zonas de paragem e de recolha. Na recolha nas calçadas, que está disponível para cerca de 63% da população dos Estados Unidos (193 milhões de pessoas), as pessoas colocam plásticos designados num contentor especial a ser recolhido por uma empresa de transporte pública ou privada. A maior parte dos programas de recolha de plásticos nos currais recolhem mais do que um tipo de resina plástica, geralmente tanto PETE como HDPE. Nos centros de reciclagem, que estão disponíveis para 68% da população dos Estados Unidos (213 milhões de pessoas), as pessoas levam os seus materiais recicláveis para uma instalação localizada centralmente. Uma vez recolhidos, os plásticos são entregues a uma instalação de recuperação de materiais (MRF) ou a um manipulador para triagem em fluxos de resina única, a fim de aumentar o valor do produto. Os plásticos triados são então enfardados para reduzir os custos de transporte para os recuperadores.

I want morebooks!

Buy your books fast and straightforward online - at one of world's fastest growing online book stores! Environmentally sound due to Print-on-Demand technologies.

Buy your books online at
www.morebooks.shop

Compre os seus livros mais rápido e diretamente na internet, em uma das livrarias on-line com o maior crescimento no mundo! Produção que protege o meio ambiente através das tecnologias de impressão sob demanda.

Compre os seus livros on-line em
www.morebooks.shop

Printed by Books on Demand GmbH, Norderstedt / Germany